中国名山观花手册

吉林长白山观花手册

HANDBOOK OF WILD FLOWERS IN MOUNT. CHANGBAI, JILIN, CHINA

丛书主编：李　敏

丛书编委：段士民　华国军　金　宁　孔繁明　李策宏
李晓东　李　勇　刘　冰　刘　军　刘　翔
刘　演　马欣堂　南程慧　潘建斌　彭焱松
秦新生　宋　鼎　田　旗　吴玉虎　熊源新
叶喜阳　喻勋林　张凤秋　张金龙　赵　宏
周　繇　朱　强　朱仁斌

参编人员：杜　鹃　郝丽华　郝明亮　魏　泽　夏振辉
宣　晶　薛景慧　薛艳丽　张荣京　赵明月

本册编著者：周　繇　李　敏

化学工业出版社

·北京·

本书用近千幅高清彩色图片，介绍了以长白山为代表的吉林地区最常见、最具观赏性的野生花卉200余种，以花色和花型为序编排，便于快速查阅。文中配以花卉的分类、识别特征、生境、花期等信息，部分物种还选取了与其形态上相似的1~2个相近物种进行了描述，以便读者区分。本书内容丰富，方便携带，实用性强。

本书适合广大城郊居民、旅游人士、野外工作者、登山爱好者以及大中小学生作为植物科普图书使用。

图书在版编目（CIP）数据

吉林长白山观花手册 / 周繇，李敏编著．—北京：化学工业出版社，2018.8
（中国名山观花手册）
ISBN 978-7-122-32300-2

Ⅰ．①吉… Ⅱ．①周… ②李… Ⅲ．①长白山 - 野生植物 - 花卉 - 手册 Ⅳ．① Q949.408-62

中国版本图书馆CIP数据核字(2018)第115347号

责任编辑：张　艳　刘　军　　　　文字编辑：谢蓉蓉
责任校对：吴　静

出版发行：化学工业出版社（北京市东城区青年湖南街13号　邮政编码100011）
印　　装：北京东方宝隆印刷有限公司
787mm×1092mm　1/32　印张8　字数160千字　2019年3月北京第1版第1次印刷

购书咨询：010-64518888　　售后服务：010-64518899
网　　址：http://www.cip.com.cn
凡购买本书，如有缺损质量问题，本社销售中心负责调换。

定　　价：39.80元

前言

我国地域辽阔，横跨寒温带、温带、亚热带和热带，囊括了全球除极地冻原以外的所有主要植被类型，有草原、荒漠、热带雨林、常绿阔叶林、落叶阔叶林、针叶林、高原高寒植被等，仅有花植物就有近 3 万种，是世界野生植物资源最为丰富的国家之一，被誉为“世界园林之母”。

中国植物图像库（www.plantphoto.cn）自 2008 年建站以来，得到各界学者、友人的大力支持，注册用户达 3 万余人，共享各类植物彩色照片 400 万余幅，涵盖了中国野生植物一半以上的种类。我们从全国的每一个省市区中挑选了一个生物多样性较为丰富、知名度较高的山（保护区或风景区）作为本地区的代表。在物种选择上尽可能地包括具有重要观赏价值的野生花卉，同时为兼顾在科属水平上的代表性，同属植物仅收录了其常见到的物种。本册收录了吉林长白山具有重要观赏价值的野生花卉 60 科 168 属 246 种，其中 234 种为主要描述种，重点介绍了植物的分类、识别特征、花期和生境等信息，部分物种还选取了与其形态上相似的 1~2 个相近物种进行了简要描述。

为方便查找使用，本手册按照花色和花型为序编排。需要特别说明的是，植物花朵万紫千红，部分物种花色变异丰富多彩，我们将花瓣最主要的颜色分为白、黄、橙、红、紫、蓝、棕、绿八种颜色予以索引，请使用时在相近的颜色中查阅。部分花型也仅是看起来像或者接近的花型，而非科学分类，部分可能显得比较牵强，请使用者注意辩证看待。本手册还配有常用术语图解、本地区野生花卉资源等专题性说明，文后还有中文名索引、拉丁名索引等。希望本书能成为您野外郊游识别植物的好参谋。

由于编者时间及精力有限，准备和推敲不够，疏漏及欠缺之处在所难免，敬请广大读者批评指正。

中国科学院植物研究所

系统与进化植物学国家重点实验室

二〇一八年十二月

使用指南

分类名称

分别为拼音、中文名、俗名、拉丁学名*。

* 拉丁学名以中国植物图像库为标准。

lǘtícǎo

驴蹄草 马蹄草

Caltha palustris L.

科属：毛茛科驴蹄草属

生境：山地较阴湿处

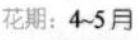

花期：4~5月

科属**、生境

** 采用 APG Ⅳ系统（Angiosperm Phylogeny Group Ⅳ System）。

形态特征

主要参考“中国植物志”网站（http://frps.eflora.cn）数据，有删减。

多年生草本。叶片近圆形、圆肾形或心形，基部深心形，密生三角形小牙齿；单歧聚伞花序生于茎或分枝顶部，常2朵花，萼片5枚，黄色，倒卵形或窄倒卵形。蓇葖果狭倒卵形，有喙①②③。

相近种概述

简要介绍与本种花形相近（花色可能不同）的1~2种花卉的特征，以及对应的图片编号。

相近种：**膜叶驴蹄草** ***Caltha palustris*** var. ***membranacea*** Turcz. 叶较薄，近膜质；花梗常较长。基生叶多圆肾形，有时三角状肾形，边缘均有牙齿，有时上部边缘的齿浅而钝④。

88

检索顺序（快速索引页码参见护封握口）

第一步：判断花色

白 黄 橙 红 紫 蓝 棕 绿

第二步：判断花型

辐射对称花 头状花序 左右对称花 穗状花序 伞状花序

花期：6~7月

科属：鸢尾科鸢尾属

生境：沼泽地或河岸的水湿地

近危种。多年生草本。植株基部围有叶鞘残留的纤维；根状茎粗壮，斜伸。叶条形，中脉明显。花茎实心；苞片3枚，近革质，坚硬，平行脉突出，包2朵花。花深紫色；外花被裂片倒卵形，中脉有黄色条斑；内花被裂片窄披针形；雄蕊花药紫色；花柱分枝扁，稍拱形弯曲。蒴果长椭圆形，6条肋明显。种子棕褐色，扁平，边缘翅状。

181

花色花型索引

花色和花型排序，底色为花色、图案为花型。

花型大致分为辐射对称花、头状花序、左右对称花、穗状花序、伞状花序五类。一般花小而多的，则按照花序排列。

花期***

*** 花期受纬度、海拔和气温的影响较大。

花瓣三　花瓣四　花瓣五　花瓣六　花瓣多数

具舌状花　仅管状花　呈球状

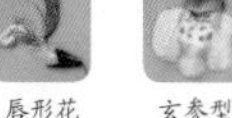

蝶形花　唇形花　玄参型　兰花型

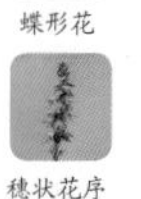

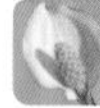

穗状花序　总状花序　复总状　肉穗花序

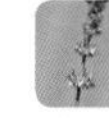

伞形花序　伞房花序　轮伞花序

术语图解

花的结构

花是被子植物的繁育器官，在其生活周期中占有极其重要的地位。花可以看作是一种不分枝、节间缩短、适应于生殖的变态短枝，花梗和花托是枝条的一部分，花萼、花冠、雌蕊和雄蕊是着生于花托上的变态叶。

同时具有花萼、花冠、雌蕊和雄蕊的花为完全花，缺少其中一部分的花为不完全花。一朵花中既有雌蕊又有雄蕊的花是两性花，只有雌蕊的单性花为雌花，只有雄蕊的单性花为雄花。部分植物无花冠，称为单被花，其花萼特化为花瓣状，如铁线莲、郁金香等。生于花下方的叶称为苞片，有时也特化为花瓣状，如珙桐、四照花、叶子花等。

花型

花序

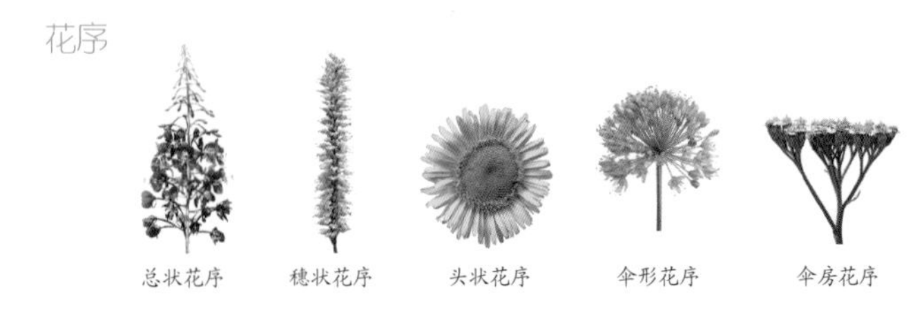

叶的结构

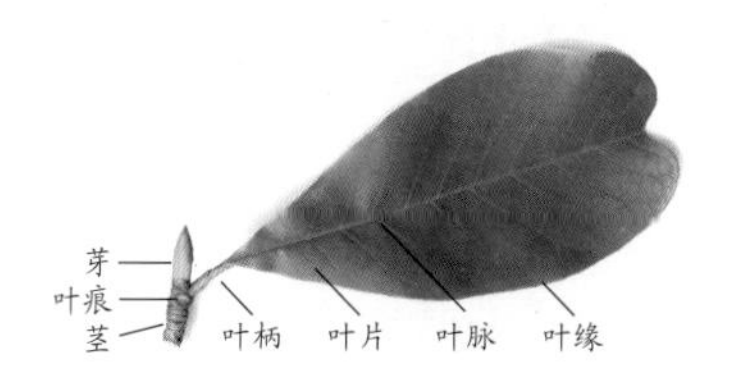

叶型

单叶（全缘）

单叶（羽状分裂）

单叶（掌状分裂）

羽状复叶　掌状复叶

叶形

条形　披针形

卵形

椭圆形

圆形

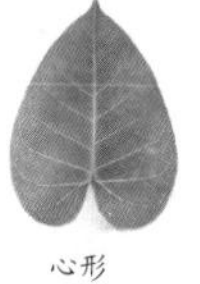

心形

戟形

叶缘

全缘

锯齿

重锯齿

波状

钝齿状

半裂

掌状深裂

羽状深裂

叶序

叶互生

叶对生

叶轮生

叶簇生

长白山观花指南

本手册所指长白山区位于我国东北地区吉林省东南部，地跨东经125°20′~130°20′，北纬40°41′~44°30′，面积75940平方公里，范围包括吉林省通化、白山、延边等地区的27个市、县。

长白山地区西邻松辽平原，地貌为典型的火山地貌。随着海拔自下而上主要由玄武岩台地、玄武岩高原和火山锥体三大部分构成。其地形复杂，地貌组合差异大，高山、高原、谷地、台地、河谷、沼泽等各种地貌都有。最高峰白云峰海拔2691米，最低处珲春敬信乡海拔仅4米。

长白山属温带向寒温带过渡的大陆性气候，是迄今为止亚洲大陆温带森林生态系统保存最完好的地区之一。长白山是我国东北植物区系的分布中心，是中国生物多样性保护的关键地区之一。长白山全区森林覆盖率为68%。由于受东南季风的影响，由山下至山上年均降水量700~1400毫米，年平均气温-7.3~4.8°C，年平均相对湿度69%~74%，山脚全年日照数为2281~2454小时，山顶全年日照数为2260小时。土壤自下而上主要有山地暗棕壤土、棕色针叶林土、山地草甸森林土、高山苔原土等。植被主要有以红松为主的针阔混交林、以云冷杉为主的常绿针叶林及岳桦林等，在海拔2000米以上的地方还有高山冻原带。

长白山区共有维管植物143科、629属、1801种、190变种、47变型（蕨类植物有24科、44属、111种、16变种、3变型，裸子植物有3科、8属、15种、1变种，被子植物有116科、577属、1675种、173变种、44变型），占全国植物总数的5.80%。

长白山区植物在其境内的水平分布可分为3类：广布型（全区的各市、县均有分布）：共有113科、370属、664种，代表种类主要有红蓼、荷青花等；较广分布型（分布于10~21个市、县）：共有81科、240属、401种，代表种类主要有芍药、荇菜等；稀少分布型（分布于10个市、县以下）：共有103科、326属、735种，代表种类主要有大字杜鹃、朝鲜鸢尾等。

由于长白山区山脉的相对高度差别较大，温度、湿度、降水、土壤等因子有着明显的差异，野生植物的种类、数量也有着一定的区别，体现了从温带到寒带至极地植物水平分布的各个类型。根据长白山植物垂直分带划分的标准可将维管植物分布划为 6 个不同的景观带：①夏绿阔叶蒙古栎林带：该带在海拔 450 米以下，由于该带开发较早，大部分地区为农田和次生植被。共有 115 科、525 属、1429 种，代表种类主要有龙胆、有斑百合、锦带花等。②红松针阔混交林带：该带分布在北坡海拔 450~1000 米，南坡海拔 450~1200 米，这一带土质肥沃，无霜期长，雨量丰沛，野生植物资源十分丰富。共有 117 科、559 属、1571 种，代表种类主要有玉蝉花、大花杓兰、白桦等。③针叶林带：该带分布在北坡海拔 1000~1800 米，南坡海拔 1200~1850 米（个别地段可达 1900 米），降水量大、蒸发量小、气候阴冷潮湿，野生植物种类相对较少。共有 62 科、204 属、433 种，代表种类主要有溪荪、布袋兰、紫点杓兰等。④岳桦林带：该带分布在海拔 1800~1900 米 (南坡 2000 米)，是森林垂直分布的上限，气温低、湿度大、山体坡度为 30°~40°，野生植物种类十分单调。共有 36 科、102 属、132 种，代表种类主要有长白金莲花、岳桦、狭苞橐吾等。⑤高山苔原带：该带海拔 1900~2300 米，属季风区山地冰缘气候特点，土壤为苔原土。山高风大、气候寒冷、年平均气温 -7.4°C，无霜期 60~70 天，野生植物种类非常稀少。共有 30 科、80 属、113 种，代表种类主要有粉报春、长白山龙胆、小山菊等。⑥高山荒漠带：该带海拔 2300 米以上，属高山荒漠气候带，基质主要由裸露的火山灰浮块（浮岩）组成，每年有 268 天刮 8 级以上的大风，植物生长十分困难。仅有 13 科、20 属、25 种，代表种类主要有长白棘豆、高山龙胆、长白山橐吾等。

长白山推荐的野花观赏地点包括：长白山西坡高山花园、长白山王池、敦化市老白山、集安市老岭、和龙市老里克湖、安图县园池、汪清县天桥岭、珲春市敬信湿地、通化市白鸡腰子国家森林公园等。

目　录

……1

……64

……117

……129

……167

……216

……225

……228

中文名索引……235

拉丁名索引……240

zéxiè

泽泻

Alisma plantago-aquatica L.

花期：7~8 月

科属：泽泻科泽泻属

生境：浅水带、沼泽、沟渠及低洼湿地

多年生水生或沼生草本。具块茎。叶通常多数；沉水叶条形或披针形；挺水叶宽披针形至卵形，先端渐尖，基部宽楔形、浅心形，叶柄基部渐宽。花莛较高，花序具 3~9 轮二回分枝。花两性；外轮花被片广卵形，边缘膜质，内轮花被片近圆形，远大于外轮，边缘具齿，白色、粉红色或浅紫色；心皮多数，排列整齐；花药黄色或淡绿色；花托平凸，近圆形。

yěcígū

野慈姑 慈姑

Sagittaria trifolia L.

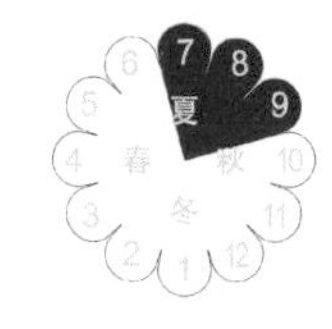

科属：泽泻科慈姑属

生境：湖泊、池塘、沼泽等水域

花期：7~9月

多年生水生或沼生草本。挺水叶箭形，叶片长短、宽窄变异很大；叶柄基部渐宽，鞘状，边缘膜质。花莛直立，挺水，通常粗壮。花序总状或圆锥状，具分枝，具花多轮，每轮2~3朵花。花单性；花被片反折，外轮花被片椭圆形或广卵形；内轮花被片白色或淡黄色。瘦果两侧压扁，倒卵形，具翅；果喙短。

马尿花 水鳖 shuǐbiē

Hydrocharis dubia (Blume) Backer

花期：7~9月

科属：水鳖科水鳖属

生境：静水池沼中

多年生浮水草本。匍匐茎，茎褐绿色，茎上生须根和花。叶片圆心形，下面微带红紫色，有广卵形气室，当叶片挺出水面后常消失，全缘。花单性，生于佛焰苞内。雄花 2~3 朵，萼片 3 枚，草质，花瓣 3 枚，白色，膜质；雄蕊 6~9 枚，仅有 3~6 枚能育。雌花单生，萼片 3 枚，花瓣 3 枚，宽卵形，白色，有 6 枚退化雄蕊，子房下位，柱头 6 个。

jílínyánlíngcǎo

吉林延龄草 白花延龄草

Trillium camschatcense Ker Gawl.

科属：藜芦科延龄草属

生境：林下、林边或潮湿之处

花期：5~6月

多年生草本。茎丛生于粗短的根状茎上，基部有1~2枚褐色的膜质鞘叶。叶3枚，无柄，轮生于茎顶，广卵状菱形或卵圆形，先端渐尖或急尖，基部楔形，两面光滑。花单生，花梗自叶丛中抽出；花被片6枚，外轮3枚卵状披针形，绿色，内轮3枚白色，少有淡紫色，椭圆形或广椭圆形；雄蕊6枚，花药比花丝长，药隔稍突出；子房上位，圆锥状，柱头3深裂，裂片反卷。浆果近圆形，具多数种子，种子近长圆形，具倒生的肉质种阜。

hēishuǐyīngsù

黑水罂粟

Papaver nudicaule* f. *amurense

(N. Busch) H. Chuang

花期：6~7月

科属：罂粟科罂粟属

生境：山坡草地或砾石坡、田边、路旁

多年生草本，高达 60 厘米。根茎粗短，常不分枝，密被残枯叶鞘。茎极短。叶基生，卵形或窄卵形，长 3~8 厘米，羽状浅裂、深裂或全裂，裂片 2~4 对。花莛 1 至数枝，被刚毛，花单生花莛顶端。花芽密被褐色刚毛。萼片 2 枚，早落；花瓣 4 枚，宽楔形或倒卵形，长 1.5~3 厘米，具浅波状圆齿及短爪，白色。果窄倒卵圆形、倒卵圆形或倒卵状长圆形。

sānlièguāmù

三裂瓜木

Alangium platanifolium var. ***trilobum***

(Miq.) Ohwi

科属：山茱萸科八角枫属

生境：向阳山坡或疏林中

花期：6~7 月

落叶灌木或小乔木。树皮光滑，浅灰色；小枝细圆柱形，常略呈“之”形弯曲，有短柔毛。叶互生，纸质，近圆形，常 3~5 裂，先端渐尖，基部近心形或宽楔形，边缘波状或钝锯齿状；具长叶柄。花 1~7 朵集成腋生的聚伞花序，花序梗长 1.5~2 厘米；花萼近钟形，裂片 5 枚，三角形；花瓣白色或黄色，6~7 裂，芳香，条形；花丝微扁，花药黄色；子房 1 室，花柱粗壮。核果卵形，花萼宿存。

hóngruìmù

凉子木 **红瑞木**

Cornus alba L.

花期：6~7月

科属：山茱萸科山茱萸属

生境：杂木林或针阔叶混交林中

落叶灌木。树皮暗红色，枝血红色，髓心大，白色；芽卵状披针形，先端尖。叶对生，卵形或椭圆形，基部通常为圆形、广楔形或两边不等，先端渐尖、锐尖或突尖，全缘，叶柄短。花小，黄白色，圆锥状聚伞花序顶生；萼筒卵状圆形，萼坛状，齿三角形；花瓣4枚，白色，卵状舌形；雄蕊4枚，花丝细，花药长圆形，花盘垫状；子房近于倒卵形，柱头头状。核果斜卵圆形，成熟时白色或稍带蓝紫色，花柱宿存。

dōngběishānméihuā

东北山梅花 辽东山梅花

Philadelphus schrenkii Rupr.

科属：绣球科山梅花属

生境：杂木林中

花期：6~7月

灌木。叶对生，卵形至椭圆状卵形，叶较厚，近革质，基部宽楔形或近圆形，先端短渐尖，边缘疏生乳头状锯齿。总状花序5~7朵花；萼筒钟状；裂片4枚，三角状卵形；花瓣4枚，白色，倒卵状圆形；花柱上部4裂，柱头钝圆形。蒴果球状倒圆锥形。

tùkuí
菟葵
Eranthis stellata Maxim.

花期：4~5 月

科属：毛茛科菟葵属

生境：山地林中或林边草地阴处

多年生草本。根状茎圆形。基生叶 1 枚或不存在，有长柄；叶片圆肾形，3 全裂。花莛高达 10~20 厘米。总苞叶状，深裂成披针形或线状披针形的小裂片。花梗果期伸长。花白色，萼片 5 枚，花瓣状，狭卵形或椭圆形；花瓣 8~12 枚，较萼片为小，近漏斗状，先端 2 裂，每裂片上附有花药残迹；雄蕊多数。心皮 3~7 枚或更多。蓇葖果星状，具短梗，具细喙。种子近圆形，暗紫色，表面微皱褶。

wūdéyínliánhuā

乌德银莲花 大叶银莲花

Anemone udensis Trautv. & C. A. Mey.

科属：毛茛科银莲花属

生境：山地林边或灌丛中

花期：5~6月

多年生草本。植株高 19~27 厘米。根状茎横走，细长。基生叶不存在或 1 枚；叶片三全裂，全裂片有短柄，倒卵形或近圆形，二或三浅裂。花莛有开展的柔毛；苞片 3 枚，稍不等大，有柄，叶片五角形，基部浅心形，三全裂，中全裂片有短柄，菱状倒卵形，不明显三浅裂，有浅锯齿，侧全裂片较小，斜椭圆形，表面无毛，背面疏被柔毛；花梗 1，无毛；萼片 5 枚，白色，倒卵形或卵形，顶端圆形或微凹；雄蕊长 4~6 毫米，花药椭圆形，花丝丝形。

chángbáihǔěrcǎo

条裂虎耳草 长白虎耳草

***Saxifraga laciniata* Nakai & Takeda**

花期：7~8 月

科属：虎耳草科虎耳草属

生境：草甸或石隙

多年生草本。根状茎短。无鳞茎和珠芽。叶均基生，稍肉质，通常匙形，先端急尖，边缘中上部具 5~8 粗锯齿，中下部全缘，具腺睫毛，上面被腺柔毛，下面无毛。花莛被腺柔毛；聚伞花序伞房状，具 5~7 朵花；花序分枝和花梗均被腺柔毛；苞叶披针形或线形。萼片花期反曲，稍肉质，卵形，先端急尖，无毛；花瓣白色，基部具 2 黄色斑点，卵形、窄卵形或长圆形；雄蕊长约 3 毫米，花丝钻形；子房近上位，卵球形。蒴果；种子具纵棱和小瘤突。

qìyècǎo

槭叶草 腊八菜

Mukdenia rossii (Oliv.) Koidz.

科属：虎耳草科槭叶草属

生境：山谷石隙

花期：4~5 月

多年生草本。地下茎粗大，有褐色鳞片。基生叶，1~4 枚，无毛，卵圆形，掌状 4~10 深裂，裂片狭披针形，先端渐尖或急尖，基部心形或宽楔形，边缘有不规则的锯齿，有长柄，柄长 5~18 厘米，密生短腺毛。花莛疏生短腺毛；圆锥伞形花序，密生短柔毛；花萼白色，钟形，有 5~6 深裂，裂片狭卵形，先端钝；花瓣 5~6 枚，披针形，白色，较萼片短；雄蕊 5~6 枚。子房半下位。蒴果狭卵形。种子多数。

sǎnhuāqiángwēi

刺玫果 伞花蔷薇

Rosa maximowicziana Regel

花期：6~7月

科属：蔷薇科蔷薇属

生境：路旁、沟边、山坡向阳处

小灌木。小叶7~9枚，小叶片卵形至长圆形，先端急尖或渐尖，基部宽楔形或近圆形，边缘有锐锯齿；托叶大部贴生于叶柄，离生部分披针形。花数朵成伞房状排列；苞片长卵形；萼片三角卵形，先端长渐尖，全缘，有时有1~2裂片，萼筒和萼片外面有腺毛；花瓣白色或带粉红色，倒卵形，基部楔形，花柱结合成束，伸出，约与雄蕊等长。果实卵圆形，黑褐色，有光泽，萼片在果熟时脱落。

dōngfāngcǎoméi

东方草莓

Fragaria orientalis Losinsk.

科属：蔷薇科草莓属

生境：山坡草地或林下

花期：5~7月

多年生草本。叶为三出小叶复叶；小叶质较薄，近无柄，倒卵形或菱状卵形，先端圆钝或急尖，顶生小叶基部楔形，侧生小叶基部偏斜，有缺刻状锯齿，沿脉较密；叶柄被开展柔毛。花序聚伞状，有2~5朵花，基部苞片淡绿色或成小叶状。花两性，稀单性，径1~1.5厘米；萼片卵状披针形，先端尾尖，副萼片线状披针形，稀2裂；花瓣白色，近圆形；雄蕊18~22枚；雌蕊多数。聚合果半圆形，成熟后紫红色，宿萼开展或微反折。

dōngběilǐ

乌苏里李 **东北李**

Prunus ussuriensis Kovalev & Kostina

花期：4~5 月

科属：蔷薇科李属

生境：林边或溪流附近

乔木，多分枝呈灌木状。叶片长圆形至倒卵长圆形，先端尾尖至急尖，基部楔形；叶柄短。花 2~3 朵簇生或单生；萼筒钟状，萼片长圆形，先端圆钝，边缘有细齿；花瓣白色，长圆形，先端波状，基部楔形，有短爪；雄蕊多数，花丝长短不等，排成紧密 2 轮；雌蕊 1 枚，花柱与雄蕊近等长。核果较小，卵圆形至长圆形，紫红色。

chóulǐ

稠李 臭李子

Padus avium Mill.

科属：蔷薇科稠李属

生境：山坡、山谷或灌丛中

花期：5~6 月

落叶乔木。树皮粗糙而多斑纹。叶片椭圆形、长圆形或长圆倒卵形，边缘有不规则锐锯齿，有时混有重锯齿，上面深绿色，下面淡绿色；叶柄两侧各具 1 个腺体。总状花序具有多花，长 7~10 厘米；花直径 1~1.6 厘米；花瓣白色，长圆形，先端波状，基部楔形，有短爪；雄蕊多数，花丝长短不等，排成紧密不规则 2 轮。核果卵圆形，顶端有尖头，红褐色至黑色，光滑，萼片脱落，核有皱褶。

shānyīnghuā

野生福岛樱 **山樱花**

Cerasus serrulata (Lindl.) Loudon

科属：蔷薇科樱属

花期：4~5月

生境：山谷林中或栽培

乔木。叶卵状椭圆形或倒卵状椭圆形，先端渐尖，基部圆，具齿。花序伞房总状或近伞形，有2~3朵花；总苞片褐红色。花瓣白色，稀粉红色，倒卵形，先端下凹。核果圆形或卵圆形，熟后紫黑色。

dōngběixìng

东北杏 辽杏

Armeniaca mandshurica

(Maxim.) Skvortzov

科属：蔷薇科杏属

生境：向阳山坡灌木林或杂木林下

花期：4~5月

乔木；树皮木栓质发达，深裂，暗灰色；嫩枝无毛，淡红褐色或微绿色。叶片宽卵形至宽椭圆形，基部宽楔形至圆形，叶边具不整齐的细长尖锐重锯齿，幼时两面具毛，逐渐脱落，老时仅下面脉腋间具柔毛。花单生；花萼带红褐色，常无毛；萼筒钟形；萼片长圆形或椭圆状长圆形，先端圆钝或急尖；花瓣宽倒卵形或近圆形，粉红色或白色。果实近球形，黄色；核近球形或宽椭圆形；种仁味苦，稀甜。

chǐyèbáijuānméi

锐齿白鹃梅 齿叶白鹃梅

Exochorda serratifolia S. Moore

花期：5~6月

科属：蔷薇科白鹃梅属

生境：山坡、河边、灌木丛中

易危种。落叶灌木。小枝圆柱形，幼时红紫色，老时暗褐色。叶片椭圆形或长圆倒卵形，先端急尖或圆钝，基部楔形或宽楔形，中部以上有锐锯齿，下面全缘。总状花序，有花4~7朵；花萼筒浅钟状；萼片三角卵形，先端急尖，全缘；花瓣长圆形至倒卵形，先端微凹，基部有长爪，白色；雄蕊25枚，着生在花盘边缘，花丝极短；心皮5枚，花柱分离。蒴果倒圆锥形，具5条脊棱。

zhēnzhūméi

珍珠梅 高楷子

Sorbaria sorbifolia (L.) A. Braun

科属：蔷薇科珍珠梅属

生境：山坡疏林中

花期：7~8 月

灌木。枝条开展，小枝稍屈曲。羽状复叶，小叶 11~17 枚，叶轴微被短柔毛，小叶对生，披针形或卵状披针形，先端渐尖，稀尾尖，基部近圆形或宽楔形，稀偏斜，有尖锐重锯齿，侧脉 12~16 对。圆锥花序顶生；花梗长 5~8 毫米；花径 10~12 毫米；萼片三角状卵形；花瓣白色；雄蕊 40~50 枚，较花瓣长 1.5~2 倍，着生在花盘边缘；雌蕊 5 枚，有顶生弯曲花柱。蓇葖果长圆形。

tǔzhuāngxiùxiànjú

土庄花 土庄绣线菊

Spiraea pubescens Turcz.

花期：5~6月

科属：蔷薇科绣线菊属

生境：干燥岩石坡地、杂木林内

灌木。叶片菱状卵形至椭圆形，先端急尖，基部宽楔形，边缘自中部以上具齿，有时3裂；叶柄极短。伞形花序具总梗，有花15~20朵；花梗短；苞片线形；萼筒钟状，萼片卵状三角形，先端急尖；花瓣卵形至近圆形，先端圆钝或微凹，白色；雄蕊25~30枚，约与花瓣等长；花柱短于雄蕊。

shānjīngzǐ

山荆子 林荆子

Malus baccata (L.) Borkh.

科属：蔷薇科苹果属

生境：山坡杂木林中

花期：5~6月

乔木。叶椭圆形或卵形，先端渐尖，基部楔形或圆形，边缘有细锐锯齿；具长柄，托叶膜质，披针形，早落。花4~6朵组成伞形花序，集生枝顶，具长花梗；萼片披针形，先端渐尖，比被丝托短；花瓣白色，倒卵形，基部有短爪；雄蕊15~20枚；花柱4或5个。果近圆形，红色或黄色，萼片脱落，具长果柄。

qiūzǐlí

沙果梨 **秋子梨**

Pyrus ussuriensis Maxim.

花期：5月

科属：蔷薇科梨属

生境：山区

乔木。树冠宽阔。叶卵形至宽卵形，先端渐短尖，基部圆形或近心形，稀宽楔形，边缘具带刺芒状尖锐锯齿，上下两面无毛或在幼时被茸毛，后脱落；叶柄长2~5厘米。花序密集，有5~7朵花，花梗长1~5厘米；萼片宽三角状披针形，先端渐尖，边缘有腺齿；花瓣倒卵形或广卵形，先端圆钝，基部具短爪，白色；雄蕊20枚，短于花瓣，花药紫色；花柱5个。果近圆形。

huāqiūshù

花楸树 红果臭山槐

Sorbus pohuashanensis (Hance) Hedl.

科属：蔷薇科花楸属

生境：山坡或山谷杂木林内

花期：6~7月

小乔木。奇数羽状复叶，小叶 5~7 对，基部和顶部的小叶常稍小，卵状披针形或椭圆状披针形，先端锐尖或短渐尖，基部偏斜圆形，叶缘有细锐锯齿，基部或中部以下近全缘。复伞房花序具多数密集花朵；花梗短；萼片三角形；花瓣宽卵形或近圆形，白色；雄蕊约 20 枚；花柱 3 个，较雄蕊短。果近圆形，红色或橘红色，具宿存闭合萼片。

duōzhīméihuācǎo

多枝梅花草

Parnassia palustris* var. *multiseta Ledeb.

花期：7~9 月

科属：卫矛科梅花草属

生境：潮湿山坡、草地、河谷阴湿地

多年生草本。基生叶 3 枚至多数，卵形或长卵形，常带短尖头，基部近心形，全缘，薄而微外卷，常被紫色长圆形斑点；具长柄，托叶膜质。茎 2~4 条，近中部具 1 枚叶，茎生叶与基生叶同形；无柄，半抱茎。花单生茎顶；萼片椭圆形；花瓣白色，宽卵形或倒卵形，全缘，常有紫色斑点；雄蕊 5 枚，花丝扁平，长短不等；退化雄蕊分枝多，11~23 条，比雄蕊长，比花瓣稍短。

shěnggūyóu

省沽油 水条

Staphylea bumalda DC.

科属：省沽油科省沽油属

生境：路旁、山地或丛林中

花期：5~6 月

落叶灌木。树皮紫红色或灰褐色，有纵棱；枝条开展，绿白色复叶对生，有长柄，具三小叶；小叶椭圆形、卵圆形或卵状披针形，先端锐尖，具尖尾，基部楔形或圆形，边缘有细锯齿，齿尖具尖头；中间小叶柄长约5倍于两侧小叶。圆锥花序顶生，直立，花白色；萼片长椭圆形，浅黄白色，花瓣5枚，白色，倒卵状长圆形，较萼片稍大，雄蕊5枚，与花瓣略等长。蒴果膀胱状，扁平，先端2裂；种子黄色，有光泽。

bái yù cǎo

狗筋麦瓶草 **白玉草**

Silene vulgaris (Moench) Garcke

花期：6~8月

科属：石竹科蝇子草属

生境：草甸、多砾石的草地等处

多年生草本，高40~100厘米。根微粗壮，木质。茎疏丛生，直立。叶片卵状披针形、披针形或卵形。二歧聚伞花序大型；花微俯垂；花梗比花萼短；苞片卵状披针形，草质；花萼宽卵形，呈囊状，近膜质，顶端急尖；花瓣白色，爪楔状倒披针形，裂片狭倒卵形；副花冠缺；雄蕊明显外露，花丝无毛，花药蓝紫色；花柱明显外露。蒴果近圆球形；种子圆肾形。

dàhuāsōushū

大花溲疏

Deutzia grandiflora Bunge

科属：绣球科溲疏属

生境：山坡、山谷和路旁灌丛中

花期：5月

灌木，高约2米。叶纸质，卵状菱形或椭圆状卵形，先端尖，基部楔形，边缘具长短相间或不整齐锯齿，上面疏被4~6辐线星状毛，下面灰白色，密被7~11辐线星状毛，沿叶脉星状毛具中央长辐线。聚伞花序，具1~3朵花。花蕾长圆形；花瓣白色，长圆形或倒卵状披针形，镊合状排列；外轮雄蕊长6~7毫米，花丝具2齿，齿平展或下弯成钩状，花药卵状长圆形，具短柄，内轮的较短，形状同外轮。蒴果半球形，宿萼裂片外弯。

hànshēngdiǎndìméi

旱生点地梅

Androsace lehmanniana Spreng.

花期：6~7月

科属：报春花科点地梅属

生境：干旱的山坡和谷地

多年生草本。由着生于根出条上的叶丛形成疏丛，莲座状叶丛。叶呈不明显2型；无柄；外层叶舌状长圆形，除缘毛外近无毛；内层叶椭圆状倒卵形或椭圆状披针形，先端钝圆，基部楔状渐窄，上面无毛，下面被稀疏粗毛或渐无毛，边缘具开展的长髯毛。花莛被长柔毛；伞形花序具花3~6朵；苞片窄椭圆形，被长柔毛。花梗短于或近等长于苞片，被长柔毛；花萼分裂达中部，裂片卵圆形，被柔毛；花冠白色或粉红色，裂片宽倒卵形，近全缘。

lángwěihuā

狼尾花 虎尾草

Lysimachia barystachys Bunge

科属：报春花科珍珠菜属

生境：草甸、山坡路旁灌丛间

花期：6~7 月

多年生草本，具横走的根茎，全株密被卷曲柔毛。茎直立。叶互生或近对生，长圆状披针形、倒披针形以至线形。总状花序顶生，花密集，常转向一侧；苞片线状钻形，通常稍短于苞片；分裂近达基部，裂片长圆形，周边膜质，顶端圆形，略呈啮蚀状；花冠白色，基部合生部分长约 2 毫米，裂片舌状狭长圆形，先端钝或微凹，常有暗紫色短腺条。蒴果球形。

báitán

碎米子树 白檀

Symplocos paniculata (Thunb.) Miq.

花期：5~6 月

科属：山矾科山矾属

生境：山坡、路边、疏林或密林中

落叶灌木或小乔木。叶膜质或薄纸质，宽倒卵形、椭圆状倒卵形或卵形，先端渐尖或急尖，基部宽楔形或近圆形，有细尖锯齿；具短叶柄。圆锥花序；苞片早落，条形，有褐色腺点。花萼筒褐色，裂片半圆形或卵形，稍长于萼筒，淡黄色，有纵脉纹，边缘有毛；花冠白色，5 深裂几达基部；雄蕊 40~60 枚；子房 2 室；花盘具 5 凸起腺点。核果熟时蓝色，卵状圆形，稍偏斜，宿萼裂片直立。

yùlínghuā

玉铃花

Styrax obassia Siebold & Zucc.

科属：安息香科安息香属

生境：林中、较平坦或稍倾斜的土地

花期：6月

乔木或灌木。叶纸质，互生，宽椭圆形或近圆形，先端尖或渐尖，基部近圆形或宽楔形，具粗锯齿；基部膨大成鞘状包芽；生于小枝基部的2枚叶近对生，椭圆形或卵形，先端尖，基部圆形；叶柄基部不膨大。总状花序顶生或腋生，有10~20朵花，基部常2~3分枝。花白色或粉红色，芳香；花萼杯状；花冠裂片膜质，椭圆形，覆瓦状排列；花丝扁平。

ruǎnzǎomíhóutáo

软枣猕猴桃

Actinidia arguta Miq.

花期：6~7月

科属：猕猴桃科猕猴桃属

生境：山地林中

落叶大藤本。叶互生；叶片稍厚，革质或厚纸质，卵圆形、椭圆形或椭圆状卵形。聚伞花序腋生，花 3~6 朵；萼片 5 枚，长圆状卵形或椭圆形；花瓣 5 枚，白色，倒卵圆形；雄花具多数雄蕊，花药暗紫色；雌花常有雄蕊，花柱丝状，子房圆形。浆果圆形至长圆形，两端稍扁平。种子多数①②③。

相近种：葛枣猕猴桃 ***Actinidia polygama*** (Siebold & Zucc.) Maxim. 花白色，芳香；花瓣 5 枚，萼片大多 5 枚；花药黄色或褐色④。

qiúguǒjiǎshājīnglán

球果假沙晶兰 长白拟水晶兰

Monotropastrum humile (D. Don) H. Hara

科属：杜鹃花科假沙晶兰属

生境：针阔混交林或阔叶林下

花期：6~7月

腐生草本。地上部分白色，半透明。叶鳞片状，互生，长圆形、宽椭圆形、宽倒卵形或披针状长圆形，全缘或有细小齿。花单一，顶生，下垂。花冠管状钟形；花瓣 3~5 枚，长方状长圆形，边缘外卷，基部呈小囊状；雄蕊 8~12 枚，花药被小疣；柱头中央凹入呈漏斗状。浆果近卵圆形或椭圆形，下垂。

cìzhīdùjuān

短果杜鹃 刺枝杜鹃

Rhododendron beanianum Cowan

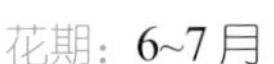

花期：6~7月

科属：杜鹃花科杜鹃花属

生境：亚高山针叶林下有阳光处

常绿灌木或小乔木。幼枝密被刚毛状分枝腺毛。叶革质，倒卵形或椭圆形，先端圆形，有小突尖头，基部宽楔形或圆形，上面深绿色，有皱纹，无毛，下面密被红棕色分枝毡毛，侧脉13对。总状伞形花序有6~10朵花，花序轴长6毫米，无毛。花梗长2厘米，密被淡棕色刚毛状柔毛；花萼杯状，5裂；花冠筒状钟形，深红色或淡白色，肉质，内面基部有5个黑红色蜜腺囊，5裂。蒴果较短，圆柱状，初有褐色茸毛，成熟后无毛。

zhàoshānbái

照山白 照白杜鹃

Rhododendron micranthum Turcz.

科属：杜鹃花科杜鹃花属

生境：山坡灌丛、山谷、峭壁及石岩上　　　　花期：6~7月

常绿灌木，高可达 2.5 米，茎灰棕褐色；枝条细瘦。幼枝被鳞片及细柔毛。叶近革质，倒披针形、长圆状椭圆形至披针形，顶端钝，急尖或圆，具小突尖，基部狭楔形，上面深绿色，有光泽，常被疏鳞片，下面黄绿色，被淡或深棕色有宽边的鳞片，鳞片相互重叠、邻接或相距为其直径的角状披针形或披针状线形，外面被鳞片，被缘毛；花冠钟状，白色，外面被鳞片，内面无毛，花裂片 5，较花管稍长。蒴果长圆形，被疏鳞片。

dùxiāng

狭叶杜香 **杜香**

Ledum palustre L.

花期：6~7月

科属：杜鹃花科杜香属

生境：林下、沼泽、草甸沼泽

小灌木。直立或茎下部俯卧；幼枝黄褐色，密生锈褐色或白色毛；芽卵形，鳞片密被毛。叶质稍厚，密而互生，有强烈香味，狭条形，壮枝叶披针状条形，先端钝头，基部狭成短柄，上面深绿色，有皱纹。伞房花序，生于前一年生枝的顶端，花梗细；花多数，白色；萼片5枚，圆形，尖头，宿存；花冠5深裂，裂片长卵形；雄蕊10枚；花柱宿存。蒴果卵形。

chǎofēngcǎo

潮风草

Cynanchum acuminatifolium Hemsl.

科属：夹竹桃科鹅绒藤属

生境：坡草地或沟边

花期：6~7月

直立草本，高达60厘米。茎及幼叶被短柔毛。叶对生或4片轮生，椭圆形，先端稍骤尖，基部楔形，侧脉6~7对；叶柄长约1厘米。聚伞花序伞状，顶生或近顶生，具10~12花。花萼裂片卵形，内面基部具5腺体；花冠白色，辐状，裂片卵状长圆形；副花冠杯状，5裂，裂片肉质，三角状，与合蕊冠近等长；花粉块卵球形。蓇葖果单生，披针状圆柱形。种子长圆形，种毛长约2厘米。

zǐbānfēnglíngcǎo

紫斑风铃草

Campanula punctata Lam.

科属：桔梗科风铃草属

生境：山地林中、灌丛及草地中

多年生草本。具细长而横走的根状茎。茎直立，粗壮，通常在上部分枝。基生叶具长柄，心状卵形；茎生叶下部的具带翅的长柄，上部的无柄，三角状卵形至披针形，边缘具不整齐钝齿。花顶生于主茎及分枝顶端，下垂；花萼裂片长三角形；花冠白色，带紫斑，前端5裂，筒状钟形；雄蕊5枚；子房下位，柱头3裂。

shuìcài

睡菜

Menyanthes trifoliata L.

科属：睡菜科睡菜属

生境：在沼泽中成群落生长

花期：5~6 月

多年生沼生植物。根状茎匍匐状，粗大而长。三出复叶，基生，具长柄，基部加宽成叶鞘状，膜质；小叶片椭圆形至倒卵形，基部楔形，无柄，钝头，边缘微波状或近全缘。花莛自基部叶丛旁侧抽出；总状花序长约 10 厘米；花白色；具花梗；苞片卵形或卵状披针形；花萼绿色，5 深裂，裂片卵状披针形；花冠钟形，5 中裂，裂片披针形，渐尖；雄蕊 5 枚，着生在花冠喉部，花药紫色，箭头形；花柱长，柱头 2 裂。蒴果近圆形。

jīnyínliánhuā

印度荇菜 金银莲花

Nymphoides indica (L.) Kuntze

花期：7~8 月

科属：睡菜科荇菜属

生境：池塘及不甚流动水域

多年生水生草本。茎圆柱形，单叶顶生。叶漂浮，近革质，宽卵圆形或近圆形，全缘，下面密被腺体，基部心形，具不明显掌状脉。花 5 基数。花梗长 3~5 厘米；花萼长 3~6 毫米，裂至近基部，裂片长椭圆形或披针形，先端钝；花冠白色，基部黄色，裂至近基部，冠筒短，具 5 束长柔毛，裂片卵状椭圆形，腹面密被流苏状长柔毛；花丝短，扁平，线形；花柱圆柱形。蒴果椭圆形。种子褐色，光滑。

huālìn

花蔺

Butomus umbellatus L.

科属：花蔺科花蔺属

生境：浅水中或沼泽里

花期：7~8 月

多年生水生草本。有粗壮的横生根状茎。叶基生，上部伸出水面，三棱状条形，先端渐尖，基部成鞘状。花葶圆柱形，与叶近等长，伞形花序顶生，基部有苞片 3 枚，卵形。花两性，外轮花被片 3 枚，椭圆状披针形，绿色，稍带紫色，宿存；内轮花被片 3 枚，椭圆形，初开时白色，后变成淡红色或粉红色；雄蕊 9 枚，花丝基部稍宽，花药带红色；心皮 6 枚，粉红色，排成 1 轮，基部常连合，柱头纵折状，子房内有多数胚珠。蓇葖果成熟时从腹缝开裂。

bǎozhūcǎo

宝珠草

Disporum viridescens (Maxim.) Nakai

花期：5~6月

科属：秋水仙科万寿竹属

生境：林下或山坡草地

根状茎短，匍匐茎长；根多而较细。茎高达80厘米。叶纸质，椭圆形或卵状长圆形，先端短渐尖或有短尖头，横脉明显；具短柄或近无柄。1~2朵花生于茎顶或枝端。花梗长1.5~2.5厘米；花被片张开，长圆状披针形，脉纹明显，先端尖，基部囊状；花药长3~4毫米，与花丝近等长；花柱长3~4毫米，柱头3裂，外卷，子房与花柱等长或稍短。浆果球形，有2~3粒种子。种子红褐色。

qījīngū

七筋姑

Clintonia udensis Trautv. & C. A. Mey.

科属：百合科七筋姑属

生境：高山疏林下或阴坡疏林下

花期：5~6月

多年生草本。根状茎短。叶基生，3~5枚，椭圆形、倒卵状长圆形或倒披针形，顶端短突尖，基部楔形下延成鞘状抱茎或成柄状。花莛直立，果期伸长，顶生疏总状花序，有花3~12朵，少为单花；苞片披针形，早落；花被片6枚，白色，稀淡蓝色，离生，长圆形至披针形，先端钝圆，具5~7条脉；雄蕊6枚；子房卵状长圆形。果实初为浆果状，圆形至长圆形，后自顶端作蒴果状开裂，蓝色或蓝黑色，每室有种子2~6枚。种子卵形，褐色。

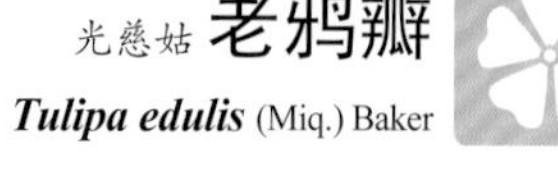

lǎoyābàn

光慈姑 老鸦瓣

Tulipa edulis (Miq.) Baker

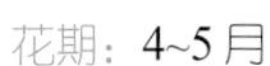

花期：4~5月

科属：百合科郁金香属

生境：山坡草地及路旁

多年生小草本。地下具有卵圆形鳞茎。茎长10~25厘米，通常不分枝。叶2枚，长条形，远比花长。花单朵顶生，靠近花的基部具2枚对生的苞片，苞片狭条形；花被片狭椭圆状披针形，白色，背面有紫红色纵条纹；雄蕊6枚，3长3短。蒴果近圆形，有长喙。

chάoxiǎnyuānwěi

朝鲜鸢尾

Iris odaesanensis Y. N. Lee

科属：鸢尾科鸢尾属

生境：林缘、草甸、潮湿山坡

花期：4~5月

近危种。根状茎长，纤细，具匍匐茎。叶苍白色，长11~25厘米，宽0.8~1.1厘米，花期后伸长，可达35厘米，具10~12条肋。花茎高9~13厘米；苞片2枚，披针形，具2朵花。花白色，直径3~4厘米；花梗长。花被管短；外层花被片开展，中央有黄色斑点，基部渐缩成爪，倒卵形，先端圆；内层花被片白色，倒卵形。雄蕊长1~1.4厘米。花柱分枝白色，条形。蒴果卵形，具3条明显的棱，顶端具短喙；果梗长。

línglán

铃兰

Convallaria majalis L.

花期：5~6月

科属：天门冬科铃兰属

生境：阴坡林下潮湿处或沟边

多年生草本。根状茎细长，匍匐。叶通常2枚，极少3枚，叶片椭圆形或卵状披针形，先端急尖，基部近楔形，基部有数枚鞘状的膜质鳞片。花莛由鳞片腋生出。花莛高15~30厘米；总状花序偏侧生，具6~10朵花；苞片披针形，膜质；具花梗；花白色，短钟状；花被顶端6浅裂，裂片卵状三角形；雄蕊6枚，花丝短，花药黄色；雌蕊1枚，子房卵圆形，3室，花柱柱状，柱头小。浆果圆形。

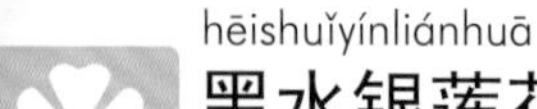

hēishuǐyínliánhuā

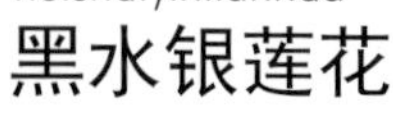

黑水银莲花

Anemone amurensis (Korsh.) Kom.

科属：毛茛科银莲花属

生境：山地林下或灌丛下

花期：4~5月

植株高20~25厘米。根状茎横走。基生叶1~2枚，有长柄；叶片三角形；三全裂，全裂片有细柄，中全裂片又三全裂。花莛无毛；苞片3枚，有柄，叶片卵形或五角形，三全裂，中全裂片有短柄，卵状菱形，近羽状深裂，边缘有不规则锯齿，两面近无毛；花梗1，有短柔毛；萼片6~7枚，白色，长圆形或倒卵状长圆形，顶端圆形，无毛；雄蕊长4~6毫米，花药椭圆形，花丝丝形；花柱长约为子房之半，上部向外弯。

qībànlián

七瓣莲

Trientalis europaea L.

花期：6~7 月

科属：报春花科七瓣莲属

生境：针叶林或混交林下

多年生小草本。须根多数，细长。叶质薄，下部茎生叶 1~4 枚，较小，互生，顶生叶 5~8 片呈轮生状，叶较大，矩圆状披针形至狭倒卵形，先端尖或稍钝，基部楔形；近无柄。花 1~2 朵生于茎顶叶腋；具花梗；花萼钟状，分裂至基部，裂片 7 枚，条状披针形，先端渐尖，基部稍狭；花冠白色，7 裂至基部，裂片卵状倒披针形，先端渐尖；雄蕊着生于花冠基部，花药顶端内卷；子房圆形，花柱长，柱头不膨大。蒴果近圆形。

zhuànzǐlián

转子莲 大花铁线莲

Clematis patens C. Morren & Decne.

科属：毛茛科铁线莲属

生境：山坡杂草丛中及灌丛中

花期：5~6月

草质藤本。三出复叶或5小叶羽状复叶，小叶纸质，卵形或窄卵形，先端渐尖或尖，基部圆形至浅心形，全缘；具叶柄。单花顶生。花梗较长；萼片8枚，白色，平展，倒卵形或窄倒卵形；花药条形，顶端钝或具小尖头。瘦果宽卵形，宿存花柱羽毛状。

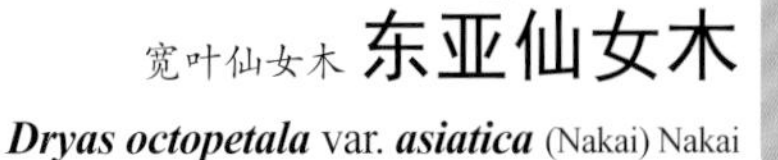

dōngyàxiānnǚmù

宽叶仙女木 东亚仙女木

Dryas octopetala var. ***asiatica*** (Nakai) Nakai

花期：7~8 月

科属：蔷薇科仙女木属

生境：高山冻原带

常绿亚灌木。茎丛生，匍匐。叶椭圆形至近圆形，先端钝圆，基部截形或近心形，边外卷，有圆钝锯齿；具叶柄，托叶膜质，线状披针形。花梗密被白色茸毛、分枝长柔毛及多数腺体。花径 1.5~2.5 厘米；花萼长 7~9 毫米，萼片卵状披针形；花瓣白色，倒卵形，长 0.8~1 厘米；雄蕊多数。瘦果长卵形，褐色，顶端宿存花柱，有羽状绢毛。

shuìlián

睡莲

Nymphaea tetragona Georgi

科属：睡莲科睡莲属

生境：池沼中

花期：6~8 月

多年生水生草本。根状茎短粗，横卧或直立，生多数须根及叶。叶浮于水面，纸质，心状卵形或肾状椭圆形似马蹄状，先端圆钝，基部深心状箭形。花梗基生，细长，顶生 1 朵花，漂浮水面；花萼 4 枚，革质，宽披针形或长卵形，绿色，先端钝，果期伸长，基部花托四棱形，宿存；花瓣 8~12 枚，白色，宽披针形至倒卵形，内轮不变成雄蕊；雄蕊多数，3~4 轮，花丝扁平，长比花瓣短，花药条形，内向；子房短圆锥状，柱头盘状。

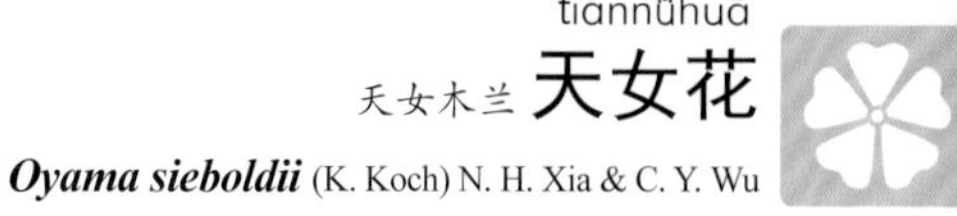

tiānnǚhuā

天女木兰 天女花

Oyama sieboldii (K. Koch) N. H. Xia & C. Y. Wu

花期：6~7月

科属：木兰科天女花属

生境：山地

近危种。落叶小乔木。叶倒卵形或倒卵状圆形，先端渐尖，基部圆形或圆状楔形，全缘，上面绿色，下面灰绿色；叶柄长1~4厘米。花单生枝顶，在新枝上与叶对生、后叶开放，芳香，花梗细长，果期稍延长；花蕾稍带淡粉红色；花被片9枚，外轮3枚，淡粉红色，其余的白色，倒卵形或倒卵状长圆形；雄蕊多数，紫红色；与花丝近等长，雄蕊群椭圆形。心皮披针形。聚合果卵形，红色。种子心形，外种皮红色，内种皮褐色。

duōbèiyínliánhuā

多被银莲花

Anemone raddeana Regel

科属：毛茛科银莲花属

生境：山地林中或草地阴处

花期：4~5 月

植株高 10~30 厘米。根状茎横走，圆柱形。基生叶 1 枚，有长柄，长 5~15 厘米；叶片三全裂，全裂片有细柄，三或二深裂，变无毛，有疏柔毛；萼片 9~15 枚，白色，长圆形或线状长圆形，顶端圆或钝，无毛；花药椭圆形，顶端圆形，花丝丝形；心皮约 30 枚，子房密被短柔毛，花柱短。

chángbáifēngdǒucài

长白蜂斗叶 长白蜂斗菜

Petasites rubellus (J. F. Gmel.) Toman

花期：5~6 月

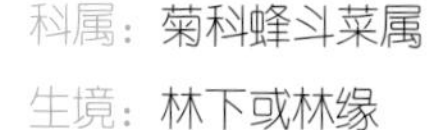

科属：菊科蜂斗菜属

生境：林下或林缘

多年生草本。根状茎横走，褐色。早春从根状茎抽出花茎 2~3 条。基生叶有长柄；叶片心形或肾形，基部心形，边缘有波状牙齿，上表面暗绿色，下表面色浅；茎生叶宽披针形。花先叶开放，生白色毛；头状花序生茎顶端排列呈伞房状；总苞片 1 层，长圆状披针形，先端钝，雌花花冠细管状，白色具小舌片，结实，两性花或雄花花冠管状，先端 5 裂，不结实；花序托无托片。瘦果圆柱形。

jīnyínrěndōng

金银忍冬 金银木

Lonicera maackii (Rupr.) Maxim.

科属：忍冬科忍冬属

生境：林中或林缘溪流附近的灌木丛中

花期：5~6月

灌木。高2~4米，茎干直径达10厘米。冬芽小，卵圆形，有5~6对或更多鳞片。叶卵状椭圆形至卵状披针形，先端长渐尖，基部阔楔形，全缘；具叶柄。花序梗较叶柄短；苞片条形；相邻的两花之萼筒分离，长为子房的1/2，萼筒钟状，中裂，裂片卵状披针形；花冠二唇形，初白色，后变黄色，芳香，花筒基部不膨大；雄蕊、花柱较花冠短。浆果红色。

zǐdiǎnsháolán

紫点杓兰

Cypripedium guttatum Sw.

科属：兰科杓兰属

花期：6~7 月

生境：林下、灌丛中或草地上

濒危种。地生草本。根状茎细长，横走。顶端具叶。叶 2 枚，极稀 3 枚，常对生或近对生，生于植株中部或中部以上，椭圆形或卵状披针形，干后常黑色或淡黑色。花序顶生 1 朵花。花白色，具淡紫红色或淡褐红色斑；中萼片卵状椭圆形，合萼片窄椭圆形，先端 2 浅裂；花瓣常近匙形或提琴形，先端近圆，唇瓣深囊状，钵形或深碗状，囊口宽；退化雄蕊卵状椭圆形，先端微凹或近平截，上面有纵脊，背面龙骨状突起。蒴果近窄椭圆形，下垂。

shízìlán

十字兰

Habenaria schindleri Schltr.

科属：兰科玉凤花属

生境：沼泽湿地或沟谷草丛中

花期：7~8月

易危种。地生草本。块茎肉质，长圆形或卵圆形。茎疏生多枚叶，向上渐小成苞片状。中下部叶 4~7 枚，线形，先端渐尖，基部成抱茎的鞘。总状花序多花，花白色或绿白色；花瓣直立，卵形，2 裂；唇瓣黄绿色，前伸，中部以下 3 深裂，呈“十”字形，裂片线形，侧裂片与中裂片垂直伸展，先端具流苏；距下垂，近末端粗棒状，向前弯曲，末端钝，与子房等长；柱头 2 个，隆起，长圆形，前伸，并行。

mìhuāshéchúnlán

密花舌唇兰

Platanthera hologlottis Maxim.

花期：6~7月

科属：兰科舌唇兰属

生境：山坡林下或山沟潮湿草地

植株高达85厘米。根状茎匍匐，细圆柱形。茎细长，下部具4~6枚大叶，向上成苞片状，叶线状披针形或宽线形，基部短鞘状抱茎。花序长5~20厘米，花密生。苞片披针形或线状披针形；子房稍弧曲；花白色，芳香；中萼片直立，舟状，卵形或椭圆形，侧萼片反折，斜椭圆状卵形，花瓣直立，斜卵形；唇瓣舌形或舌状披针形，稍肉质，先端钝圆；距下垂，圆筒状，距口的突起物显著；柱头1枚，大，凹下，位于蕊喙之下穴内。

yínxiàncǎo

银线草 灯笼花

Chloranthus japonicus Siebold

科属：金粟兰科金粟兰属

生境：林下阴湿处或沟边草丛中

花期：4~5月

多年生草本。根状茎横走，生多数细长须根，具特异气味；茎直立，单生或数枚丛生，节明显，带紫色，上生鳞片状小叶数对。叶4枚，生茎顶，或轮生状，倒卵形或椭圆形，先端长尖，基部楔形，边缘具疏锯齿。花序单一，顶生，直立，果时伸长。花白色。无花梗；雄蕊3枚，花丝条形，基部合生，条形，近等长，乳白色，水平开展；中央雄蕊无花药。果实倒卵形，绿色。

shuǐyù

水浮莲 水芋

Calla palustris L.

花期：6~7 月

科属：天南星科水芋属

生境：草甸、沼泽等浅水域成片生长

多年生水生草本。具横走根状茎，锈黄色，其上生有多数纤细须根。叶片心形或宽卵形，基部心形，先端锐尖，全缘，无毛，中脉明显，侧脉纤细；叶柄长 18~30 厘米，基部具鞘，佛焰苞宽卵形，外面绿色，里面白色，先端呈短尾状尖；下部具长柄；肉穗花序短圆柱形，具梗；花两性，唯顶端有不育雄花，无花被，雄蕊 6 枚，花丝扁，先端变狭为药隔，子房卵圆形。浆果橙红色，近圆形，果序直径达 2 厘米；种子长圆状卵形。

jīshùtiáo

鸡树条 天目琼花

Viburnum opulus subsp. ***calvescens***

(Rehder) Sugim.

科属：五福花科荚蒾属

生境：溪谷边疏林下或灌丛中

花期：5~6月

落叶灌木。树皮质厚而多少呈木栓质。小枝、叶柄和总花梗均无毛。叶轮廓圆卵形至广卵形或倒卵形，通常 3 裂，基部圆形、截形或浅心形，裂片顶端渐尖，边缘具不整齐粗牙齿，侧裂片略向外开展；叶柄粗壮。复伞形聚伞花序，大多周围有大型的不孕花；花冠白色，辐状，裂片近圆形；花药紫红色。果实红色，近圆形。

dēngtáishù

六角树 灯台树

Cornus controversa Hemsl.

花期：5~6月

科属：山茱萸科山茱萸属

生境：常绿阔叶林或针阔叶混交林中

①

②

③

④

落叶乔木。树皮光滑，当年生枝紫红绿色。叶互生，纸质，阔卵形至披针状椭圆形，先端突尖，基部圆形或急尖，全缘，中脉至叶柄紫红色。顶生伞房状聚伞花序，花小，白色，4基数，花萼裂片三角形，长于花盘，花瓣长圆披针形，先端钝尖；雄蕊与花瓣同数互生，花丝白色。核果圆形，成熟时紫红色至蓝黑色。

chángbáishānyīngsù

长白山罂粟 白山罂粟

Papaver radicatum
var. ***pseudoradicatum*** (Kitag.) Kitag.

科属：罂粟科罂粟属

生境：高山冻原带

花期：7~8月

易危种。多年生草本，植株矮小，高5~15厘米，全株被糙毛。叶全部基生，叶片轮廓卵形至宽卵形，一至二回羽状分裂，第一回全裂片2~3对，狭椭圆形或长圆形，或者卵形并再次2~4深裂，两面灰绿色，被紧贴的糙毛。花莛1至数枚，出自每个根茎先端的莲座叶丛中，密被紧贴或斜展的糙毛。花单生于花莛先端；花瓣4，宽倒卵形，淡黄绿色或淡黄色。蒴果倒卵形；柱头盘平扁①②③。

相近种：**野罂粟** ***Papaver nudicaule*** L. 花瓣淡黄色、黄色或橙黄色④。

héqīnghuā

鸡蛋黄花 **荷青花**

Hylomecon japonica (Thunb.) Prantl & Kündig

花期：5~6 月

科属：罂粟科荷青花属

生境：林下、林缘或沟边

多年生草本。含黄色乳汁。茎直立，上部稍分枝。基生叶为奇数羽状复叶，具长柄，小叶 5~7 枚，有短柄，叶宽披针形至长椭圆形，边缘具不规则重锯齿；茎生叶 2~3 枚，与基生叶相似。花 1~3 朵，生于茎顶端叶腋，具长梗，花蕾卵形；萼片 2 枚，绿色，狭卵形，早落；花大，花瓣 4 枚，金黄色，倒卵状圆形；雄蕊多数，黄色，花药长圆形。

chάoxiǎnyínyánghuò

朝鲜淫羊藿 淫羊藿

Epimedium koreanum Nakai

科属：小檗科淫羊藿属

生境：林下或灌丛中

花期：4~5月

近危种。多年生草本。基生叶通常缺如；茎生叶单生茎顶，有长柄，为二回三出复叶；小叶9枚，小叶薄革质，有长柄，卵形，先端锐尖，基部深心形，歪斜。总状花序，通常着生4~6朵花；花梗短；花较大；萼片8枚，卵状披针形，带淡紫色，外轮4枚较小，内轮4枚较大；花瓣4枚，淡黄色或黄白色，近圆形，有长距，距的顶端具腺；雄蕊长3~5毫米，花药长约4毫米，先端尖；子房1室，花柱伸长。蒴果狭纺锤形，2瓣裂。

chánoxiǎntiěxiànlián

朝鲜铁线莲

Clematis koreana Kom.

花期：5~6月

科属：毛茛科铁线莲属

生境：红松林及针阔混交林内和灌丛中

木质藤本或亚灌木。三出复叶；小叶片广卵圆形至近圆形，中央小叶片常3裂，基部心形，两侧的叶片常偏斜，边缘有粗齿。花单生于叶腋或枝顶，花梗粗壮；花萼钟状，微开展，下垂；萼片4枚，淡黄色至带红色；退化雄蕊线形，中部加宽成匙状。瘦果倒卵形，棕红色。

chǐyètiěxiànlián

齿叶铁线莲

Clematis serratifolia Rehder

科属：毛茛科铁线莲属

生境：林缘、干旱山坡或多石砾河岸　　花期：7~8月

草质藤本。枝被柔毛或无毛。二回羽状复叶；小叶纸质，披针形、窄卵形或卵形，先端渐窄，基部宽楔形或圆形，具不等锯齿或小牙齿，两面疏被柔毛；叶柄长3~7.5厘米。花序腋生，1~3朵花，花序梗长0.5~1.5厘米；苞片线形。花梗长3~7厘米；萼片4枚，黄色，长圆形或窄卵形，边缘被茸毛；花丝被柔毛，花药窄长圆形，无毛，顶端具小尖头。瘦果椭圆形；宿存花柱长约3毫米，羽毛状。

yuèjiàncǎo

山芝麻 月见草

***Oenothera biennis* L.**

花期：7~8 月

科属：柳叶菜科月见草属

生境：栽培或逸生于开旷荒坡路旁

二年生直立草本。基生莲座叶丛紧贴地面。基生叶倒披针形，边缘疏生齿；茎生叶椭圆形或倒披针形，基部楔形，有稀疏钝齿。穗状花序，不分枝，或在主序下面具次级侧生花序；苞片叶状，宿存。萼片长圆状披针形，先端尾状，自基部反折，又在中部上翻；花瓣黄色，稀淡黄色，宽倒卵形，先端微凹；子房圆柱状，具 4 棱，花柱伸出花筒。蒴果锥状圆柱形，直立，绿色，具棱。种子在果中呈水平排列，暗褐色，棱形，具棱角和不整齐洼点。

péngzǐcài

蓬子菜

Galium verum L.

科属：茜草科拉拉藤属

生境：山地、河滩、灌丛或林缘等处

花期：6~7 月

多年生草本。茎有 4 棱。叶纸质，6~10 枚轮生，线形，先端短尖，边缘常卷成管状。聚伞花序顶生和腋生，多花，常在枝顶组成圆锥状花序。花稠密；花梗极短；萼筒无毛；花冠黄色，辐状，径约 3 毫米，裂片卵形或长圆形。果爿双生，近球状。

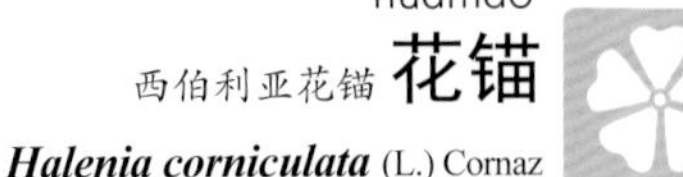

huāmáo

西伯利亚花锚 花锚

Halenia corniculata (L.) Cornaz

花期：7~8月

科属：龙胆科花锚属

生境：山坡草地、湿地及林缘

一年生直立草本。基生叶倒卵形或椭圆形，先端圆或钝尖，基部楔形、渐狭呈宽扁的叶柄；茎生叶椭圆状披针形或卵形，先端渐尖，基部宽楔形或近圆形，全缘。聚伞花序顶生和腋生；花4基数；花萼裂片狭三角状披针形，先端渐尖；花冠黄色、钟形，冠筒裂片卵形或椭圆形，先端具小尖头，具短距；雄蕊内藏，花药近圆形；子房纺锤形，无花柱，柱头2裂，外卷。蒴果卵圆形、淡褐色，顶端2瓣开裂。

píngpéngcǎo

萍蓬草 萍蓬莲

Nuphar pumila (Timm) DC.

科属：睡莲科萍蓬草属

生境：湖沼中

花期：6~7月

易危种，国家二级保护植物。多年水生草本；根状茎横卧，肥厚肉质，略呈扁柱形。叶生于根状茎先端，漂浮水面，叶片纸质，宽卵形或卵形，少数椭圆形，先端圆钝；叶柄扁柱形。花单朵顶生；萼片5枚，呈花瓣状，黄色，外面中央绿色，长圆状椭圆形或椭圆状倒卵形；花瓣多数，短小，倒卵状楔形，先端微凹；雄蕊多数，花丝扁平，子房广卵形，柱头盘状，常10浅裂，淡黄色或带红色。浆果卵形，种子长卵形，多数，褐色，有光泽。

mǔdāncǎo

牡丹草

Gymnospermium microrrhynchum
(S. Moore) Takht.

花期：4~5 月

科属：小檗科牡丹草属

生境：林中或林缘

多年生草本。根状茎块根状；地上茎直立，顶生 1 枚叶。叶为三出或二回三出羽状复叶，草质，小叶具柄，叶片 3 深裂至基部，裂片长圆形至长圆状披针形，全缘，先端钝圆；托叶大。总状花序顶生；苞片宽卵形；花淡黄色；萼片 5~6 枚，倒卵形，先端钝圆；花瓣 6 枚；雄蕊 6 枚；雌蕊基部具短柄或近无柄，子房卵形，胚珠 2~3 粒，花柱极短，柱头平截。蒴果扁圆形，5 瓣裂至中部。

chángbáijīnliánhuā

长白金莲花

Trollius japonicus Miq.

科属：毛茛科金莲花属

生境：高山冻原带及岳桦林带的林缘

花期：6~7 月

易危种。多年生草本。茎疏生 2~3 枚叶。基生叶 3~5 枚，有长柄，有时在开花时枯萎；叶片五角形，基部心形，三全裂，中央全裂片菱形，三裂近中部；叶柄基部具狭鞘。茎下部叶与茎生叶相似，上部叶较小，具鞘状短柄。花单生或 2~3 朵组成疏松的聚伞花序；苞片似茎上部叶，渐变小，具长花梗；萼片 5 枚，黄色，干时不变绿色，倒卵形或圆倒卵形，顶端圆形，生少数小齿；花瓣约 9 枚，与雄蕊近等长，线形，顶端钝。

línshícǎo

林石草

Waldsteinia ternata (Stephan.) Fritsch

花期：4~5 月

科属：蔷薇科林石草属

生境：潮湿林地

多年生草本。根状茎匍匐。基生叶为掌状 3 小叶，小叶倒卵形或宽椭圆形，先端圆钝，基部楔形或宽楔形，上部 3~5 浅裂，有圆钝锯齿，上面绿色，下面带紫色，叶柄短；托叶扩大，膜质，褐色。花单生或 2~3 朵。基部有膜质小苞片，小苞片卵状披针形，全缘；萼片 5 枚，三角状长卵形，先端渐尖或有 2~3 枚锯齿，副萼片 5 枚，披针形，短于萼片；花瓣 5 枚，黄色，倒卵形，长约为萼片的 1 倍。瘦果长圆形或歪倒卵圆形，熟时黑褐色。

jīnlùméi

金露梅 金老梅

Dasiphora fruticosa (L.) Rydb.

科属：蔷薇科金露梅属

生境：山坡草地、砾石坡、灌丛及林缘

花期：7~8月

小灌木。奇数羽状复叶，小叶通常5枚，长圆形，先端锐尖，基部楔形，边全缘；叶柄短；托叶膜质，下部与叶柄愈合。花单生于叶腋或顶生数朵成伞房花序；花黄色；副萼披针形至条形，先端尖或偶尔2裂，比萼片短或近等长，萼片三角状卵圆形或卵形，淡褐黄色；花瓣圆形，比萼片约长3倍。瘦果卵圆形，棕褐色。

dōngběibiǎnhémù

扁胡子 东北扁核木

***Prinsepia sinensis* Bean**

花期：4~5月

科属：蔷薇科扁核木属

生境：杂木林中或阴山坡的林间等处

近危种。小灌木。多分枝；小枝红褐色，有棱条；枝刺直立或弯曲。叶互生，叶片卵状披针形，先端急尖至尾尖，基部近圆形或宽楔形；叶柄短；托叶小，膜质，披针形。花1~4朵，簇生于叶腋；萼筒钟状，萼片短三角状卵形；花瓣黄色，倒卵形，先端圆钝，基部有短爪，着生在萼筒口部里面花盘边缘；雄蕊10枚，花丝短，呈2轮着生在花盘上近边缘处；心皮1枚，花柱侧生。核果近圆形或长卵形，红紫色或紫褐色。

chìpáo

赤瓟

Thladiantha dubia Bunge

科属：葫芦科赤瓟属

生境：山坡、路旁及林缘湿处

花期：7~8 月

攀缘草质藤本，全株被黄白色长柔毛状硬毛。茎稍粗；叶宽卵状心形，最基部 1 对叶脉沿叶基弯缺边缘外展；卷须单一。雄花单生或聚生短枝上端成假总状花序，有时 2~3 朵花生于花序梗上；花萼裂片披针形，外折；花冠黄色，裂片长圆形，上部外折。雌花单生；花梗较雄花短；子房密被淡黄色长柔毛。果具 10 条纵纹。种子卵形，黑色。

huánghǎitáng

红旱莲 **黄海棠**

***Hypericum ascyron* L.**

花期：7~8月

科属：金丝桃科金丝桃属

生境：林地、灌丛、草地或河岸湿地

多年生草本。茎直立，具4条棱线。单叶，对生，近革质，长圆状卵形至长圆状披针形，顶端渐尖或钝；基部楔形或心形，抱茎，全缘。单花或花形成聚伞花序，顶生或腋生；花黄色，大型；花梗长1~3厘米；萼片5枚，卵形，先端钝圆；花瓣5枚，黄色，各瓣偏斜而旋转；雄蕊多数5束；子房卵状，棕褐色，5室，花柱5个，通常自中部或中部以下处分离，花柱与子房略等长或稍长。蒴果圆锥形，棕褐色，成熟时先端5裂。

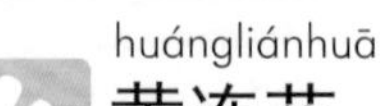

huángliánhuā

黄连花

Lysimachia davurica Ledeb.

科属：报春花科珍珠菜属

生境：林缘、灌丛、河岸、沟谷、湿地

花期：6~7月

多年生草本，高 40~80 厘米，具横走根茎。茎直立。叶对生或 3~4 枚轮生，无柄或柄极短；叶椭圆状披针形或线状披针形，基部钝或近圆，两面散生黑色腺点，下面沿中脉被腺毛。总状花序顶生，通常复出为圆锥花序。花梗长 0.7~1.2 厘米；花萼裂片窄卵状三角形，沿边缘有一圈黑色腺条；花冠黄色，深裂，裂片长圆形；花丝基部合生成高约 1.5 毫米的筒，花药卵状长圆形。蒴果褐色。

niúpídùjuān

牛皮杜鹃

Rhododendron aureum Georgi

花期：5~6月

科属：杜鹃花科杜鹃花属

生境：高山冻原带及岳桦林带的林缘

易危种。常绿小灌木，高达 50 厘米。茎横生，侧枝斜升，芽鳞宿存。叶革质，倒披针形或倒卵状长圆形，先端钝或圆，基部楔形，边缘微反卷，侧脉 8~13 对；叶柄长 0.5~1 厘米。伞房花序，有 5~8 花；花序轴长 1 厘米。花梗直立；花萼小，有 5 齿裂；花冠钟状，5 裂；雄蕊 10 枚，花丝基部被白色微柔毛；子房卵圆形，花柱无毛。蒴果圆柱形。

gāoshānlóngdǎn

高山龙胆

Gentiana algida Pall.

科属：龙胆科龙胆属

生境：高山冻原带

花期：7~9月

多年生草本，高达20厘米。茎2~4条丛生。叶多基生，线状椭圆形或线状披针形，叶柄长1~3.5厘米；茎生叶1~3对，窄椭圆形或椭圆状披针形。花1~5朵，顶生。花无梗或具短梗；花萼钟形或倒锥形，萼筒膜质，萼齿线状披针形或窄长圆形，长5~8毫米；花冠黄白色，具深蓝色斑点，筒状钟形或漏斗形，裂片三角形或卵状三角形。蒴果椭圆状披针形。种子具海绵状网隙。

xìngcài

金莲子 荇菜

Nymphoides peltata (S. G. Gmel.) Kuntze

花期：7~8 月

科属：睡菜科荇菜属

生境：池塘或不甚流动的河溪中

多年生水生草本。茎圆柱形，多分枝，节下生根。上部叶对生，下部叶互生，叶片漂浮，近革质，圆形或卵圆形，全缘。花常多数，簇生节上，5 基数；花冠金黄色，分裂至近基部，冠筒短，裂片宽倒卵形，先端圆形或凹陷，中部质厚的部分卵状长圆形，边缘宽膜质，近透明，具不整齐的细条裂齿；雄蕊着生于冠筒上，整齐。蒴果椭圆形，宿存花柱，成熟时不开裂。

chángbáiyuānwěi

长白鸢尾

Iris mandshurica Maxim.

科属：鸢尾科鸢尾属

生境：阳坡及疏林灌丛中

花期：5月

植株基部残留老叶纤维。根状茎块状，肉质。叶镰状弯曲或中上部稍弯，有 2~4 纵脉。花茎高 15~20 厘米；苞片 3 枚，膜质，绿色，倒卵形或披针形，包 1~2 朵花。花黄色，径 4~5 厘米，花被管窄漏斗形；外花被裂片倒卵形，有紫褐色网纹，中脉有黄色须毛状附属物，内花被裂片窄椭圆形或倒披针形，花柱分枝扁平，长约 3 厘米，顶端裂片半圆形，子房纺锤形。蒴果三棱状纺锤形，具长喙。

bĕihuánghuācài

北黄花菜

***Hemerocallis lilioasphodelus* L.**

花期：6~7 月

科属：阿福花科萱草属

生境：草甸、湿草地、荒山坡或灌丛下

多年生草本。根大小变化较大，但一般稍肉质，多少绳索状，粗 2~4 毫米。叶长 20~70 厘米，宽 3~12 毫米。花葶长于或稍短于叶；花序分枝，常为假二歧状的总状花序或圆锥花序，具 4 至多朵花；苞片披针形，在花序基部的长可达 3~6 厘米，上部的长 0.5~3 厘米，宽 3~7 毫米；花梗明显，长短不一，一般长 1~2 厘米；花被淡黄色。蒴果椭圆形。

dàbāoxuāncǎo

大苞萱草 大花萱草

Hemerocallis middendorffii

Trautv. & C. A. Mey.

科属：阿福花科萱草属

生境：低海拔林下、湿地、草甸或草地

花期：6~7 月

多年生草本。叶条形，基生，上部下弯。花莛由叶丛中抽出，直立，与叶近等长，不分枝，花仅数朵簇生于顶端；苞片宽卵形或心状卵形，先端长渐尖至近尾状；花金黄色或橘黄色，芳香，花被裂片狭倒卵形至狭长圆形，内三片较宽；雄蕊 6 枚，着生于花被管上端，花药黄色。蒴果椭圆形，稍有三钝棱。

xiǎohuánghuācài

小黄花菜

Hemerocallis minor Mill.

花期：5~6月

科属：阿福花科萱草属

生境：草地、山坡或林下

多年生草本。根一般较细，绳索状，不膨大。叶长20~60厘米，宽3~14毫米。花莛稍短于叶或近等长，顶端具1~2朵花，少有具3朵花；花梗很短，苞片近披针形；花被淡黄色；花被管通常长1~2.5厘米；花被裂片长4.5~6厘米，内三片宽1.5~2.3厘米。蒴果椭圆形或矩圆形。

lǘtícǎo

驴蹄草 马蹄草

Caltha palustris L.

科属：毛茛科驴蹄草属

生境：山地较阴湿处

花期：4~5月

多年生草本。叶片近圆形、圆肾形或心形，基部深心形，密生三角形小牙齿；单歧聚伞花序生于茎或分枝顶部，常2朵花，萼片5枚，黄色，倒卵形或窄倒卵形。蓇葖果狭倒卵形，有喙①②③。

相近种：**膜叶驴蹄草** ***Caltha palustris*** var. ***membranacea*** Turcz. 叶较薄，近膜质；花梗常较长。基生叶多圆肾形，有时三角状肾形，边缘均有牙齿，有时上部边缘的齿浅而钝④。

shēnshānmáogèn

深山毛茛

Ranunculus franchetii H. Boissieu

花期：4~5月

科属：毛茛科毛茛属

生境：杂木林缘及灌丛下或沟边湿地

多年生草本。须根发达，成束簇生，柔弱，斜升，上部分枝。基生叶多数，叶片肾形，基部心形，3深裂不达基部；上部叶无柄，叶片3~5片全裂至近基部，裂片披针形或长圆形。花单生各分枝末端，花梗细；萼片狭卵形；花瓣5~7片，倒卵形，长约为萼的2倍，基部有短爪，蜜腺呈点状；花托凹凸不平，生短毛。聚合果近圆形；瘦果倒卵状圆形或近圆形。

púzhīmáogèn

匍枝毛茛

Ranunculus repens L.

科属：毛茛科毛茛属

生境：草地或溪边

花期：6~7月

多年生草本。匍匐茎细长。茎高达 60 厘米，近无毛或疏被毛。基生叶为三出复叶，小叶具柄，顶生小叶宽菱形，基部宽楔形，3 深裂，疏生齿，侧生小叶斜，不等 2 裂，两面无毛或上面疏被柔毛，叶柄长 7~20 厘米；茎生叶似基生叶，较小。花序顶生，2 至数朵花。花梗长 1~8 厘米；花托被柔毛；萼片 5 枚，卵形；花瓣 5 枚，倒卵形，长 0.7~1 厘米；雄蕊多数。瘦果扁，斜倒卵圆形，无毛，具窄边；宿存花柱长 0.5~0.8 毫米。

cèjīnzhǎnhuā

侧金盏花

Adonis amurensis Regel & Radde

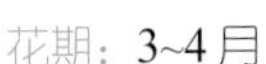
花期：3~4月

科属：毛茛科侧金盏花属

生境：山坡草地或林下

多年生草本。茎开花时高达 15 厘米，开花后高达 30 厘米，无毛或顶部疏被柔毛，基部具少数膜质鳞片。茎下部叶具长柄，无毛；叶三角形，三回羽状细裂，小裂片窄卵形或披针形。萼片约 9 枚，长圆形或倒卵状长圆形，花瓣约 10 枚，黄色，倒卵状长圆形或窄倒卵形，与萼片等长或稍长；心皮多数。瘦果倒卵圆形，被柔毛，宿存花柱向后弯曲①②③。

相近种：**辽吉侧金盏花 *Adonis ramosa*** Franch. 茎无毛或顶部有短柔毛；花瓣黄色，长圆状倒披针形；萼片有短睫毛④。

júhāo

菊蒿 艾菊

Tanacetum vulgare L.

科属：菊科菊蒿属

生境：山坡、河滩、草地等处

花期：7~8 月

多年生草本。茎直立，单生或少数茎成簇生。茎叶多数，全形椭圆形或椭圆状卵形，二回羽状分裂。一回为全裂，侧裂片达 12 对；二回为深裂，二回裂片卵形、线状披针形、斜三角形或长椭圆形，边缘全缘或有浅齿或为半裂而呈三回羽状分裂。羽轴有节齿。下部茎叶有长柄，中上部茎叶无柄。头状花序多数，在茎枝顶端排成稠密的伞房或复伞房花序。总苞片 3 层，草质。全部小花管状，边缘雌花比两性花小。瘦果，冠毛冠状。

kuānyèhuányángshēn

宽叶还阳参

Crepis coreana (Nakai) H. S. Pak

花期：7~9月

科属：菊科还阳参属

生境：高山冻原带及岳桦林带的林缘

多年生草本。茎单一，直立，光滑，无毛。基生叶及茎下部叶花期宿存，具翼状柄；叶片广披针形、卵状披针形或广卵形；中部叶1~2枚，无柄，广披针形或披针形，基部截形或微心形，抱茎。头状花序单生或2~4个排列成伞房状，花序梗长；总苞钟状，总苞片3层，外层线状披针形，中内层披针形，先端渐尖；舌状花黄色，舌片先端截形，5齿裂。瘦果圆柱形，稍压扁，黄褐色，具10条以上纵肋；冠毛白色。

kuǎndōng

款冬 冬花

Tussilago farfara L.

科属：菊科款冬属

生境：山谷湿地或林下

花期：4~5月

多年生葶状草本。根茎横生。先叶开花。基生叶卵形或三角状心形。头状花序单生花莛顶端，初直立，花后下垂；总苞钟状，总苞片 1~2 层，披针形或线形，常带紫色；花序托平。小花异形；边缘有多层雌花，花冠舌状，黄色，柱头 2 裂；中央两性花少数，花冠管状，5 裂，花药基部尾状，柱头头状，不结实。瘦果圆柱形。

tíyètuówú

蹄叶橐吾

Ligularia fischeri (Ledeb.) Turcz.

花期：6~7月

科属：菊科橐吾属

生境：水边、草甸子、山坡、灌丛

多年生草本。茎上部被黄褐色柔毛。丛生叶与茎下部叶肾形，基部心形，边缘具锯齿，叶脉掌状，叶柄长18~59厘米，基部具鞘；茎中上部叶较小，具短柄，全缘。总状花序长25~75厘米；头状花序多数，辐射状；苞片卵形或卵状披针形，边缘有齿；小苞片窄披针形或线形丝状；总苞钟形，总苞片8~9枚，先端尖，背部光滑，内层具膜质边缘。舌状花5~9朵，黄色，舌片长圆形；管状花多数。

xiábāotuówú

狭苞橐吾

Ligularia intermedia Nakai

科属：菊科橐吾属

生境：水边、山坡、林地及高山草原

花期：7~8月

多年生草本。丛生叶与茎下部叶具长柄，基部具狭鞘，肾形或心形，向上叶较小，茎最上部叶卵状披针形，苞叶状。总状花序；头状花序多数，辐射状；总苞钟形。舌状花4~6朵，黄色，舌片长圆形，先端钝；管状花7~12朵，伸出总苞，冠毛紫褐色，有时白色，比花冠管部短。

chángbáishāntuówú

单头橐吾 长白山橐吾

Ligularia jamesii (Hemsl.) Kom.

花期：7~8月

科属：菊科橐吾属

生境：高山冻原带、林下、灌丛、草地

多年生草本。根状茎短，呈不规则块状，具多数须根及纤维状残叶。根丛生，细长，外皮棕褐色。茎直立。基生叶3~5枚，有长柄，抱茎。叶三角形至戟形，先端尖，基部深心形，其两侧深陷为裂片，边缘有锯齿；茎叶较小，叶柄基部翼状，抱茎，向上渐小。头状花序单生茎顶，苞片2~3枚，广卵形至条形，被白色蛛丝状毛；总苞宽钟形，总苞片长圆形，黑紫色；舌状花10朵以上，黄色；筒状花多数。瘦果圆柱形；冠毛浅褐色，与瘦果等长。

chάoxiǎnpúérgēn

朝鲜狗舌草

Tephroseris koreana

(Kom.) B. Nord. & Pelser

科属：菊科狗舌草属

生境：林下阴湿处

花期：6~7月

多年生草本。茎单生，直立，绿色或紫色。叶片三角形或三角状心形，顶端尖或渐尖，基部宽心形，边缘具齿；叶柄细，无翅，基部稍扩大；下部及中部茎叶与基部叶同形，基部心形或戟形，叶柄稍具翅，基部近抱茎，上部茎叶渐小，具短柄。头状花序较多数，排列成顶生伞房花序；花序梗细。总苞钟状；舌状花黄色，长圆形，顶端钝，具3枚细齿，具4条脉；管状花多数，花冠黄色，檐部钟状；花柱分枝外弯。瘦果圆柱形；冠毛白色。

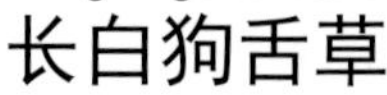

长白狗舌草

Tephroseris phaeantha
(Nakai) C. Jeffrey & Y. L. Chen

科属：菊科狗舌草属

花期：7~8 月

生境：高山苔原带

多年生草本。基生叶莲座状，具柄，卵状长圆形或椭圆形；茎叶少数，向上部渐小。头状花序 2~6 个排成顶生伞房花序；总苞钟状，紫色。舌状花约 13 朵，舌片黄色，顶端具 3 细齿。管状花多数，花管黄色，裂片褐紫色。瘦果圆柱形；冠毛白色①②。

相近种：**红轮狗舌草** ***Tephroseris flammea*** (DC.) Holub. 总苞深紫色，总苞片约 25 枚；舌片深橙色或橙红色线形③。**湿生狗舌草** ***Tephroseris palustris*** (L.) Four. 冠毛在果期明显伸长，通常长于管状花花冠；舌状花浅黄色④。

línyīnqiānlǐguāng

林荫千里光

Senecio nemorensis L.

科属：菊科千里光属

生境：林中开旷处、草地或溪边

花期：7~8 月

多年生草本。基生叶和下部茎生叶花期凋萎；中部茎生叶披针形或长圆状披针形，基部楔状渐窄或稍半抱茎，侧脉 7~9 对；上部叶渐小，线状披针形或线形。头状花序具舌状花，排成复伞房花序，花序梗细，具 3~4 小苞片，小苞片线形；总苞近圆柱形；苞片线形，短于总苞；总苞片 12~18 枚，长圆形。舌状花 8~10 朵，舌片黄色，线状长圆形；管状花 15~16 朵，花冠黄色。瘦果圆柱形。

yějú

菊花脑 **野菊**

Chrysanthemum indicum L.

花期：8~9月

科属：菊科菊属

生境：山坡、水湿地、滨海盐渍地等处

多年生草本。基生叶脱落；茎生叶卵形或矩圆状卵形，羽状深裂，先端裂片大，裂片边缘均有浅裂或锯齿；上部叶渐小。头状花序生茎枝顶端排列成伞房状圆锥花序或不规则伞房花序；舌状花黄色，1~2层，无雄蕊；中央为管状花，深黄色，先端5齿裂，雄蕊5枚，聚药，花丝分离；雌蕊1枚，花柱细长。瘦果全部同型。

xuánfùhuā

旋覆花 金佛花

Inula japonica Thunb.

科属：菊科旋覆花属

生境：山坡、湿润草地、河岸和田埂上

花期：7~9月

多年生草本。中部叶长圆形至披针形，基部常有圆形半抱茎小耳，无柄，有小尖头状疏齿或全缘；上部叶线状披针形。头状花序排成疏散伞房花序，花序梗细长。总苞半圆形，总苞片约 5 层，线状披针形，近等长。舌状花黄色，较总苞长 2~2.5 倍，舌片线形；冠毛白色，与管状花近等长。

jǘyù

洋姜 **菊芋**

***Helianthus tuberosus* L.**

花期：8~9月

科属：菊科向日葵属

生境：路旁、田野、荒地

多年生草本。茎直立，有分枝。叶通常对生，有叶柄，但上部叶互生；下部叶有长柄，基部宽楔形或圆形；上部叶，基部渐狭，顶端渐尖，短尾状。头状花序较大，少数或多数，单生于枝端，有1~2个线状披针形的苞叶，直立；总苞片多层，披针形，顶端长渐尖；苞片长圆形，背面有肋，上端不等三浅裂。舌状花通常12~20朵，舌片黄色，开展，长椭圆形；管状花花冠黄色。瘦果小，上端有2~4个有毛的锥状扁芒。

mùtōngmǎdōulíng

木通马兜铃 关木通

Aristolochia manshuriensis Kom.

科属：马兜铃科马兜铃属

生境：阴湿的阔叶和针叶混交林中

花期：5~6 月

近危种。木质藤本。主干茎皮暗灰色。叶片宽卵状心形至圆心形，先端钝或稍尖，基部深心形，边缘全缘，上表面绿色，下面淡绿色，具长叶柄。花单生于短枝叶腋；花梗稍弯曲；花被筒成马蹄形弯曲，由基部向上逐渐膨大，外面淡绿黄色，具紫色条纹，里面褐色或黄绿色，近顶端处突然内曲如烟斗状，顶端 3 裂，黄色；子房圆筒形，合蕊柱三棱形，雄蕊成对贴生于柱头。蒴果褐色，圆柱状，成熟时 6 瓣开裂。种子淡灰褐色。

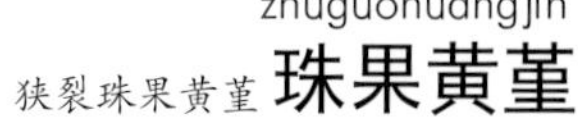

zhūguǒhuángjǐn

狭裂珠果黄堇 珠果黄堇

Corydalis speciosa Maxim.

花期：4~6 月

科属：罂粟科紫堇属

生境：林缘、路边或水边多石地

多年生灰绿色草本。叶延茎向上渐近无柄，狭长圆形，二回羽状全裂，二回羽片羽状深裂，裂片线形至披针形。总状花序生茎和腋生枝的顶端，花密集。花金黄色，近平展或稍俯垂。外花瓣较宽展，无鸡冠状突起；距约占花瓣全长的 1/3，末端囊状；内花瓣顶端微凹，具短尖和粗厚的鸡冠状突起。雄蕊束披针形，较狭。蒴果线形，俯垂，念珠状。

liǔchuānyú

柳穿鱼

Linaria vulgaris subsp. ***chinensis***

(Debeaux) D. Y. Hong

科属：车前科柳穿鱼属

生境：山坡、路旁、田边草地

花期：6~8 月

多年生草本，植株高 20~80 厘米，茎叶无毛。茎直立。叶通常多数而互生，常单脉，少 3 脉。总状花序，花期短而花密集，果期伸长而果疏离，花序轴及花梗无毛或有少数短腺毛；苞片条形至狭披针形，超过花梗；花梗长 2~8 毫米；花萼裂片披针形；花冠黄色，裂片长 2 毫米，卵形，下唇侧裂片卵圆形，中裂片舌状，距稍弯曲。蒴果卵球状。种子盘状，边缘有宽翅，成熟时中央常有瘤状突起。

jīnhuārěndōng

黄花忍冬 **金花忍冬**

Lonicera chrysantha Ledeb.

花期：5~6月

科属：忍冬科忍冬属

生境：沟谷、林下或林缘灌丛中

落叶灌木。叶纸质，菱状卵形、菱状披针形、倒卵形或卵状披针形，先端渐尖或尾尖；苞片线形或窄线状披针形，常高出萼筒。小苞片分离，为萼筒的 1/3~2/3；相邻两萼筒分离，常无毛而具腺，萼齿圆卵形、半圆形或卵形；花冠白色至黄色，外面疏生糙毛，唇形，唇瓣长于冠筒 2~3 倍，冠筒内有柔毛，基部有深囊或囊不明显；雄蕊和花柱短于花冠，花丝中部以下有密毛；花柱被柔毛。果熟时红色，圆形。

huánghuāwūtóu

黄花乌头 黄乌拉花

Aconitum coreanum (H. Lév.) Rapaics

科属：毛茛科乌头属

生境：山地草坡或疏林中

花期：8~9月

多年生草本。块根肥厚，倒卵状圆形或纺锤形。叶片宽菱状卵形，掌状 3~5 全裂，各裂片细裂成条形或线状披针形。总状花序，花 2~7 朵，下部苞片叶状细裂，小片苞片条形，花梗长 0.8~2 厘米，萼片淡黄色，上萼片船状盔形，下缘长 1~1.5 厘米，侧萼片斜宽倒卵形，下萼片斜椭圆状卵形；花瓣无毛，爪细，距极短，头形；雄蕊多数，花丝全缘，疏被短毛；心皮 3 枚。蓇葖果，种子椭圆形。

wānjùlǐzǎo

闸草 弯距狸藻

Utricularia vulgaris subsp. ***macrorhiza***

(Leconte) R.T.Clausen

花期：6~8月

科属：狸藻科狸藻属

生境：湖泊、池塘、沼泽及水田中

水生多年生食虫草本。无根；茎柔软，多分枝，呈较粗的绳索状，横生于水中。叶互生，紧密，叶二至三回羽状分裂，裂片多，细条形，边缘具刺状齿，具许多捕虫囊；捕虫囊生于小裂片基部，膜质，卵形或近圆形，囊口为瓣膜所封闭。花莛直立；花两性，两侧对称，在花莛上部有5~11朵花形成疏生总状花序；花萼2深裂；花冠唇形，橙黄色，上唇短，宽卵形，全缘，下唇较长，先端3浅裂，基部有距，明显弯曲向上，花冠假面状。蒴果圆形。

běihuǒshāolán

北火烧兰

Epipactis xanthophaea Schltr.

科属：兰科火烧兰属

生境：山坡林下、草丛或沟边

花期：7月

地生草本；根状茎粗长；根聚生，细长，有时散生在老的根状茎上。茎直立，无毛，中、下部具3~4枚鳞片状鞘。叶着生于中上部，5~7枚，互生；叶片卵状披针形至椭圆状披针形，先端渐尖或长渐尖，基部鞘状并抱茎，向上叶逐渐变小，过渡为花苞片。总状花序具5~10朵花；花苞片叶状，卵状披针形，先端长渐尖，下部的较花长近1倍，向上逐渐变为短小；花较大，黄色或黄褐色，较少淡红色。蒴果椭圆形，长约2厘米。

lièchúnhǔshélán

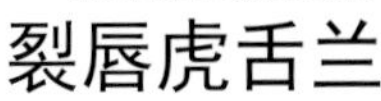

裂唇虎舌兰

Epipogium aphyllum Sw.

科属：兰科虎舌兰属

花期：7~8月

生境：林下、岩隙或苔藓地

濒危种。植株高达30厘米。根状茎珊瑚状。茎具数枚膜质鞘，抱茎。花序具2~6朵花。苞片窄卵状长圆形；花梗纤细；花黄色带粉红色或淡紫色；萼片披针形或窄长圆状披针形；花瓣常略宽于萼片，唇瓣近基部3裂，侧裂片直立，近长圆形或卵状长圆形，中裂片卵状椭圆形，近全缘，多少内卷，内面常有4~7条紫红色的皱波状纵脊，末端圆；蕊柱粗。

shānlán

山兰

Oreorchis patens (Lindl.) Lindl.

科属：兰科山兰属

生境：林地、灌丛、草地或沟谷旁

花期：6~7 月

近危种。多年生草本。根状茎匍匐，假鳞茎卵状椭圆形或圆形，具节，顶端具 1~2 枚叶。叶披针形。基部楔形收缩为柄；花莛从假鳞茎顶端的节处生出，下部具褐色膜质长鞘，上部具数枚鳞片；总状花序，花疏生，黄褐色，时常下垂；中萼片狭矩圆形，顶端略钝；侧萼片与中萼片相似，偏斜；花瓣镰状矩圆形；唇瓣白色带紫斑，3 裂，中裂片倒卵形，向下楔形，前部边缘皱波状；侧裂片镰刀状，长约为中裂片的一半；合蕊柱细长。蒴果长圆状。

dàhuánghuājǐncài

大黄花堇菜

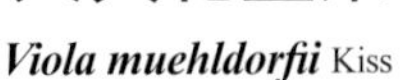

Viola muehldorfii Kiss

花期：5~6 月

科属：堇菜科堇菜属

生境：针阔混交林林下或溪边

多年生草本。基生叶 1~3 枚，心形或肾形；茎生叶常 3 枚，下方 1 枚叶圆心形，上方 2 枚叶片生于茎顶，近对生，卵形，具短柄或近无柄。花金黄色，生于茎顶第 1 枚叶的叶腋；花瓣倒卵形，有紫色脉纹，下瓣近匙形，距较粗。蒴果椭圆形①②③。

相近种：**东方堇菜** ***Viola orientalis*** (Maxim.) W. Becker 花黄色，通常 1~3 朵，生于茎生叶叶腋；花梗被白色细毛④。

chángbáirěndōng

长白忍冬 扁担胡子

Lonicera ruprechtiana Regel

科属：忍冬科忍冬属

生境：阔叶林下或林缘

花期：5~6月

落叶灌木。叶纸质，长圆状倒卵形、卵状长圆形或长圆状披针形，边缘略波状或具不规则浅波状大牙齿，有缘毛；苞片线形，长于萼齿，被微柔毛。小苞片分离，圆卵形或卵状披针形，长为萼筒的1/4~1/3，无毛或具腺缘毛；相邻两萼筒分离，萼齿卵状三角形或三角状披针形，干膜质；花冠白色，后黄色，冠筒粗，内密生柔毛，基部有深囊，上唇两侧深达1/2~2/3处，反曲；雄蕊短于花冠。柱稍短于雄蕊，全被柔毛。果熟时橘红色，圆形。

qiúwěihuā

球尾花

Lysimachia thyrsiflora L.

花期：6~7 月

科属：报春花科珍珠菜属

生境：水甸子或湿草地

多年生草本；具横走根茎。茎直立，高 30~80 厘米。叶对生；无柄，稀具短柄；叶披针形或长圆状披针形，先端锐尖或渐尖，基部耳状半抱茎或钝。总状花序腋生，密花，成球状或短穗形，花序梗长 1.5~3 厘米，被柔毛；苞片线状钻形，有黑色腺点。花梗长 1~3 毫米；花萼长 2~3.5 厘米，裂片 6~7 枚，线状披针形；花冠黄色，6 裂，裂片近分离，有黑色腺点；雄蕊伸出花冠。蒴果近球形。

línjīnyāo

林金腰 林金腰子

Chrysosplenium lectus-cochleae Kitag.

科属：虎耳草科金腰属

生境：林下、林缘阴湿处或石隙

花期：4~5月

多年生草本，高11~15厘米。不育枝出自茎基部叶腋，被褐色卷曲柔毛。花茎疏生褐色柔毛。茎生叶对生，先端钝圆至近截形，基部楔形，边缘具褐色睫毛；叶柄疏生褐色柔毛。聚伞花序；花序分枝疏生柔毛；苞叶近阔卵形、倒阔卵形至扇形，基部偏斜形、楔形至圆形，边缘疏生睫毛；花黄绿色；萼片在花期直立，近阔卵形。蒴果长2.4~6毫米，2果瓣明显不等大；种子黑褐色，具微乳头突起。

tángjiè

糖芥

Erysimum amurense Kitag.

花期：6~7月

科属：十字花科糖芥属

生境：田边荒地、山坡

一年生或二年生草本。叶披针形或长圆状线形，基生叶顶端急尖，基部渐狭，全缘；上部叶有短柄或无柄，基部近抱茎。总状花序顶生，有多数花；萼片长圆形；花瓣橘黄色，倒披针形，顶端圆形，基部具长爪；雄蕊6枚，近等长。长角果线形，稍呈四棱形。

chángbànjīnliánhuā

长瓣金莲花

Trollius macropetalus (Regel) F. Schmidt

科属：毛茛科金莲花属

生境：湿草地

花期：7~8 月

多年生草本。有纵棱。上部有分枝，基部有纤维残基。基生叶 2~4 枚，叶柄极长，叶片掌状五角形，3 全裂，中裂片菱形，3 中裂，小裂片有缺刻状小牙齿，侧裂片歪斜，2 深裂至基部；茎生叶 3~4 枚，与基生叶相似，较小；顶部叶小型，不分裂。花生茎及分枝顶端，花梗长。花大，萼片 5~7 枚，金黄色，宽卵形，基部狭窄，先端渐尖①②③。

相近种：**短瓣金莲花** ***Trollius ledebourii*** Rchb. 花瓣狭线形，顶部稍匙状增宽，长度超过雄蕊，但比萼片短，线形，顶端变狭④。

qiǎnlièjiǎnqiūluó

毛缘剪秋罗 浅裂剪秋罗

Lychnis cognata Maxim.

花期：7~8 月

科属：石竹科剪秋罗属

生境：林下或灌丛草地

多年生草本。叶片长圆状披针形或长圆形，基部宽楔形，不呈柄状，顶端渐尖。二歧聚伞花序，具数花，有时紧缩呈头状；苞片叶状；花萼筒状棒形，后期微膨大，萼齿三角形，顶端渐尖；花瓣橙红色或淡红色，狭楔形，瓣片轮廓宽倒卵形，叉状浅 2 裂或深凹缺，裂片倒卵形；副花冠片长圆状披针形，暗红色，顶端具齿；雄蕊及花柱微外露。

tiáoyèbǎihé

条叶百合

Lilium callosum Siebold & Zucc.

科属：百合科百合属

生境：山坡或草丛中

花期：7~8月

多年生草本。鳞茎小，扁球形，高2厘米，直径1.5~2.5厘米；鳞片卵形或卵状披针形。茎高50~90厘米。叶散生，条形，边缘有小乳头状突起。花单生或少有数朵排成总状花序；苞片1~2枚，顶端加厚；花梗长2~5厘米；花下垂；花被片倒披针状匙形，红色或淡红色，蜜腺两边有稀疏的小乳头状突起；花丝长2~2.5厘米，花药长7毫米；子房圆柱形；花柱短于子房，柱头膨大。蒴果狭矩圆形。

yǒubānbǎihé

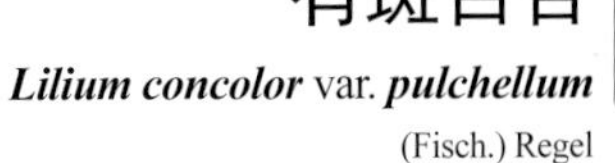

有斑百合

Lilium concolor* var. *pulchellum
(Fisch.) Regel

花期：6~7 月

科属：百合科百合属

生境：阳坡草地、山沟及林缘

多年生草本。鳞茎卵圆形；鳞片卵形或卵状披针形，白色，鳞茎上方茎上有根。茎少数近基部带紫色。叶散生，条形。花 1~5 朵排成近伞形或总状花序；花直立，星状开展，深红色，有斑点，有光泽；花被片矩圆状披针形，蜜腺两边具乳头状突起；雄蕊向中心靠拢，花药长矩圆形；子房圆柱形，花柱稍短于子房，柱头稍膨大。

máobǎihé

毛百合

Lilium dauricum Ker Gawl.

科属：百合科百合属

生境：灌丛、疏林下及湿草甸

花期：6~7月

多年生草本。叶散生，在茎顶端有4~5叶轮生，狭披针形至披针形。花1~4朵生于茎顶，花梗直立；花大，钟形，橙红色或红色，有紫色斑点；花被片6枚，外轮3枚倒披针形，内轮3枚稍窄；雄蕊6枚，短于花被，花药红色；雌蕊比雄蕊稍长，子房圆柱形，花柱细长，柱头膨大，3裂。蒴果倒卵形。

dōngběibǎihé

东北百合

Lilium distichum Kamib.

花期：7~8 月

科属：百合科百合属

生境：山坡草丛、路边、灌木林下

多年生草本。鳞茎卵圆形；鳞片披针形，白色，有节。茎高达 1.2 米，有小乳头状突起。叶 1 轮，7~20 枚生于茎中部；叶稀散生，倒卵状披针形或长圆状披针形，无毛。花 2~12 朵，成总状花序；苞片叶状。花梗长 6~8 厘米；花淡橙红色，具紫红色斑点；花被片反卷，长 3.5~4.5 厘米，宽 0.6~1.3 厘米，蜜腺两侧无乳头状突起；花丝长 2~2.5 厘米，无毛，花药线形，宽 2~3 毫米；花柱长为子房的两倍，柱头球形，3 裂。蒴果倒卵圆形。

dàhuājuǎndān

大花卷丹 山丹花

Lilium leichtlinii var. ***maximowiczii***

(Regel) Baker

科属：百合科百合属

生境：山坡、林缘及路旁

花期：7~8月

易危种。多年生草本。花3~10余朵排成总状花序或圆锥花序；苞片位于花梗中下部，叶状或卵状披针形；花大而下垂，花被片6枚，2轮，披针形，反卷，橙红色，内面有紫黑色斑点；雄蕊6枚，花丝淡橙红色或淡红色，花药深紫红色；花柱与花丝同色，柱头紫色，稍膨大，3裂。

shāndān

细叶百合 山丹

Lilium pumilum Delile

花期：6~7 月

科属：百合科百合属

生境：山坡草地或林缘

多年生草本。鳞茎卵形或圆锥形；鳞片长圆形或长卵形，白色。茎有小乳头状突起，有的带紫色条纹。叶散生茎中部，线形，中脉下面突出，边缘有乳头状突起。花单生或数朵成总状花序；花鲜红色，常无斑点，有时有少数斑点，下垂；花被片反卷，蜜腺两侧有乳头状突起；花丝无毛，花药黄色；柱头膨大，3 裂。蒴果长圆形。

juǎndān

卷丹

Lilium tigrinum Ker Gawl.

科属：百合科百合属

生境：山坡灌木林下、草地路边或水旁

花期：7~8月

多年生草本。鳞茎近宽圆形；鳞片宽卵形，白色。茎带紫色条纹。叶散生，矩圆状披针形或披针形。花3~6朵或更多；苞片叶状，卵状披针形，先端钝；花梗紫色；花下垂，花被片披针形，反卷，橙红色，有紫黑色斑点；外轮花被片较窄；内轮花被片稍宽；雄蕊四面张开，花丝淡红色，花药矩圆形；子房圆柱形；柱头稍膨大，3裂。

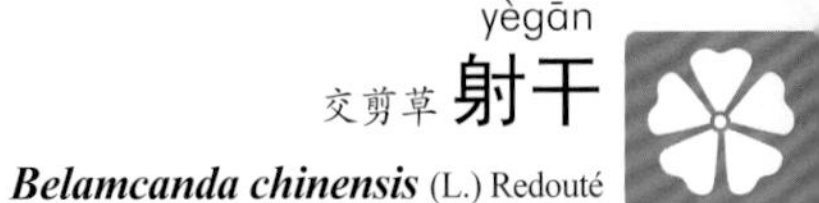

yègān

交剪草 射干

Belamcanda chinensis (L.) Redouté

花期：6~8月

科属：鸢尾科射十属

生境：林缘或山坡草地处也可生长

多年生草本。叶互生，嵌迭状排列，剑形，基部鞘状抱茎，顶端渐尖。花序顶生，叉状分枝，每分枝的顶端聚生有数朵花；花梗及花序的分枝处均包有膜质的苞片；花橙红色，散生紫褐色的斑点；花被裂片 6 枚，2 轮排列，外轮花被裂片倒卵形或长椭圆形，顶端钝圆或微凹，基部楔形，内轮较外轮花被裂片略短而狭；雄蕊 3 枚，着生于外花被裂片的基部；花柱上部稍扁，顶端 3 裂，裂片边缘略向外卷，子房下位，倒卵形，3 室。

māoérjú

猫儿菊 小蒲公英

Hypochaeris ciliata (Thunb.) Makino

科属：菊科猫儿菊属

生境：山坡草地、林缘路旁或灌丛中

花期：6~7 月

多年生草本。茎直立，不分枝，基部被黑褐色残叶鞘。基生叶簇生，有柄；叶片长圆状匙形，基部下延至柄呈翼状，尖端锐尖；茎下部叶与基生叶、中上部叶抱茎，向上渐小，长圆形或椭圆形，边缘具小牙齿。头状花序大，单生于茎顶；总苞半圆形或钟形，总苞片 3~4 层，外层卵形或长圆状卵形，内层披针形，先端钝尖；花橙黄色，舌状，先端 5 齿裂；花托具狭披针形托片。瘦果圆柱状，有纵沟；冠毛 1 层，羽状。

hébāoténg

藤荷包牡丹 荷包藤

Adlumia asiatica Ohwi

花期：7~8 月

科属：罂粟科荷包藤属

生境：针阔叶林下或林缘

多年生草质藤本。茎细长，弯曲。基生叶有长柄，上部叶柄短；叶片三回近羽状全裂，顶端小叶柄常呈卷须状，末回裂片狭卵形至近菱形，先端钝。数个聚伞花序生于叶腋；有花 5~20 朵；花下垂，萼片 2 枚，长圆状三角形；花瓣 4 枚，合生部分有 4 条纵翅，基部囊状，外面花瓣的分生部分披针形，内面花瓣的分生部分较短，圆匙形；雄蕊 6 枚，3 枚成 1 组，花丝大部分合生。蒴果条形，裂为 2 片。

liǔyècài

柳叶菜 鸡脚参

Epilobium hirsutum L.

科属：柳叶菜科柳叶菜属

生境：湿地、沼泽、沟边及稻田

花期：6~8月

多年生草本。叶草质，对生，茎上部互生，多少抱茎，披针状椭圆形，先端锐尖至渐尖，基部近楔形，具细锯齿。总状花序直立，萼片长圆状线形，背面隆起成龙骨状，花瓣玫瑰红色、粉红色或紫红色，宽倒心形，先端凹缺；子房灰绿色或紫色，柱头伸出稍高过雄蕊，4深裂。

hóngdīngxiāng

香多罗 红丁香

Syringa villosa Vahl

花期：6~7月

科属：木樨科丁香属

生境：山坡灌丛或沟边、河旁

灌木。小枝淡灰色，无毛或被微柔毛。叶卵形或椭圆形，先端尖或短渐尖，基部楔形或近圆形，上面无毛，下面粉绿色，贴生疏柔毛或沿叶脉被柔毛；叶柄无毛或被柔毛。圆锥花序直立，由顶芽抽生；花序轴、花梗及花萼无毛，或被柔毛。花冠淡紫红色或白色，花冠筒细，近圆柱形，裂片直角外展；花药黄色，位于花冠筒喉部。果长圆形，顶端凸尖，皮孔不明显。

méiguī

玫瑰

Rosa rugosa Thunb.

科属：蔷薇科蔷薇属

生境：沙丘、江岸等

花期：5~6月

濒危种。落叶灌木。茎粗壮，丛生，有刺及刺毛。叶基部下方有一对粗刺，奇数羽状复叶，小叶5~9枚，椭圆形至椭圆状倒卵形，先端尖，基部楔形，边缘有锐尖单锯齿，有皱纹；托叶较宽，披针形。花单生或3~6朵簇生；花单瓣，紫色，芳香；花柱离生。

xiùxiànjú

空心柳 **绣线菊**

***Spiraea salicifolia* L.**

科属：蔷薇科绣线菊属

花期：6~8月

生境：河岸、湿草地、空旷地和山沟中

直立灌木。小枝稍有棱角，黄褐色。叶长圆状披针形，先端突尖或渐尖，具锐锯齿，有时为重锯齿。圆锥花序长圆形或金字塔形；花密集；萼筒钟状；萼片三角形；花瓣卵形，先端常圆钝，粉红色；雄蕊约50枚，约长于花瓣2倍。蓇葖果直立，宿存萼片常反折。

jiǎnqiūluó

剪秋罗

Lychnis fulgens Spreng.

科属：石竹科剪秋罗属

生境：低山疏林下、灌丛草甸阴湿地

花期：6~7月

多年生草本，高50~80厘米，全株被柔毛。根簇生。茎直立。叶片卵状长圆形或卵状披针形。二歧聚伞花序具数花；花直径3.5~5厘米，花梗长3~12毫米；苞片卵状披针形；花萼筒状棒形；雌雄蕊柄长约5毫米；花瓣深红色，瓣片两侧中下部各具1线形小裂片；副花冠片长椭圆形，暗红色，呈流苏状；雄蕊微外露，花丝无毛。蒴果长椭圆状卵形；种子肾形，肥厚、黑褐色，具乳凸。

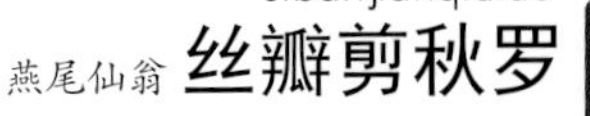

sībànjiǎnqiūluó

燕尾仙翁 # 丝瓣剪秋罗

Lychnis Wilfordii (Regel) Maxim.

花期：6~7 月

科属：石竹科剪秋罗属

生境：湿草甸、低湿地

多年生草本。叶长圆状披针形或长圆形，先端渐尖至长渐尖，基部渐狭。花 7~20 朵集生成二歧聚伞花序；萼齿三角形，尖锐，边缘膜质；花瓣 5 枚，瓣片鲜红色；雄蕊 10 枚，子房长圆形，花柱 5 个，细长。蒴果长卵形，顶端 5 齿裂，齿片反卷。种子圆肾形。

sōngmáocuì

松毛翠

Phyllodoce caerulea (L.) Bab.

科属：杜鹃花科松毛翠属

生境：高山冻原带

花期：6~7月

常绿小灌木。地面上直立枝条，多分枝。叶互生，硬革质，条形，边缘有尖而小的细锯齿，两面光绿色，仅中脉明显。花 1 朵或 2~5 朵生于枝顶；花梗细长，稍下弯，基部有 2 片宿存苞片；花萼裂片 5 枚，披针形，紫红色，有腺毛；花冠壶状，口部有 5 枚齿，带红色或紫堇色；雄蕊 10 枚，花丝基部有腺毛，花药长形；子房 5 室，上部有腺毛，花柱不伸出。蒴果近圆形。

xīngāndùjuān

兴安杜鹃

Rhododendron dauricum L.

花期：4~5月

科属：杜鹃花科杜鹃花属

生境：干燥石质山坡、山脊灌丛中

半常绿灌木，高达 1.5 米。新枝叶生于花芽下面叶腋；幼枝被鳞片和柔毛。叶近革质，长圆形或椭圆形，先端具短尖头，上面深绿色，疏被灰白色鳞片，下面淡绿色；叶柄长约 2 毫米。花序顶生，有 1~2 朵花。花梗长约 8 毫米；花萼很小，环状，密被鳞片；花冠淡紫红色或粉红色，宽漏斗状，冠筒约与裂片等长；雄蕊 10 枚，伸出；子房密被鳞片，花柱较雄蕊稍长。蒴果长圆形。

yínghóngdùjuān

迎红杜鹃

Rhododendron mucronulatum Turcz.

科属：杜鹃花科杜鹃花属

生境：山地灌丛

花期：4~5 月

灌木。多分枝；花芽椭圆形。叶厚纸质，互生，狭椭圆形至椭圆形，稀椭圆状披针形，先端锐尖至短渐尖，基部楔形；叶柄短。花 1~3 朵着生在前一年枝的顶端，多先叶开放，稀与叶近同时开放；花萼短，裂片 5 枚；花冠宽漏斗状，淡紫红色；雄蕊 10 枚，不等长，花药长圆形；花柱比花丝、花冠长。蒴果短圆柱形，暗褐色。

yèzhuàngbāodùjuān

叶状苞杜鹃

Rhododendron redowskianum Maxim.

花期：7~8 月

科属：杜鹃花科杜鹃花属

生境：高山苔原带

近危种。矮小落叶灌木，高约 10 厘米。幼枝疏被腺毛，老枝灰色。叶纸质，匙状倒披针形。总状花序顶生，花序轴长达 3 厘米。花下有被毛的叶状苞片；花梗长 0.5~1 厘米；花萼大，5 裂；花冠辐状，紫红色，5 裂，一边分裂达基部，冠筒长 7~8 毫米；雄蕊 10 枚，短于花冠，花丝下部 1/3 被毛；子房被柔毛，5 室，花柱短，下部被柔毛。蒴果卵圆形。

dàzìdùjuān

大字杜鹃

Rhododendron schlippenbachii Maxim.

科属：杜鹃花科杜鹃花属

生境：低海拔山地阴坡林下

花期：5~6月

1

2

3

4

近危种。灌木。分枝多。叶着生在梢端，通常5片，近水平辐状，形成“大”字形，叶片纸质，倒卵形，叶脉明显，全缘；叶柄几无。伞形花序，2~5朵花，先叶开放或与叶同时开放；萼片5枚，长圆形，绿色，边缘具腺毛；花冠大，广钟形，粉红色，稀为白色，裂片倒卵形或椭圆形，内面有红紫色斑点；雄蕊10枚，5枚长5枚短，花丝中下部有细毛，花药长圆形，顶孔开裂；子房卵形，花柱与花冠几等长。蒴果长卵形，暗褐色。

tiánxuánhuā

扶田秧 田旋花

Convolvulus arvensis L.

花期：6~8 月

科属：旋花科旋花属

生境：耕地及荒坡草地上

多年生草本。单叶互生；叶片卵状长圆形至披针形，先端钝或具小尖头，基部大多戟形，全缘或 3 裂。花 1 至多朵生于叶腋；苞片 2 枚，线形；花萼 5 枚，稍不等，内萼片边缘膜质；花冠漏斗形，白色或粉红色，或具不同色的瓣中带，5 浅裂。

dǎwǎnhuā

打碗花 扶子苗

Calystegia hederacea Wall.

科属：旋花科打碗花属

生境：荒地、路边、田野

花期：6~7月

一年生草本。叶互生，具长柄，基部的叶全缘，近椭圆形，基部心形，茎上部的叶三角状戟形，侧裂片开展，通常2裂。花单生叶腋，苞片2枚，卵圆形，包住花萼，宿存；萼片5枚，矩圆形，具小尖凸；花冠漏斗状，粉红色。

gǔzǐhuā

旋花 **鼓子花**

Calystegia silvatica subsp. ***orientalis*** Brummitt

花期：6~8 月

科属：旋花科打碗花属

生境：路旁、溪边草丛、山坡林缘

多年生草本，全体不被毛。茎缠绕，伸长，有细棱。叶形多变，三角状卵形或宽卵形，顶端渐尖或锐尖，基部戟形或心形，全缘或基部稍伸展为具 2~3 个大齿缺的裂片；叶柄常短于叶片或两者近等长。花腋生，1 朵；花梗通常稍长于叶柄；苞片宽卵形，顶端锐尖；萼片卵形；花冠通常白色或有时淡红色或紫色；雄蕊花丝基部扩大；子房无毛，柱头 2 裂。蒴果卵形。种子黑褐色。

běiyúhuángcǎo

北鱼黄草 西伯利亚鱼黄草

Merremia sibirica (L.) Hallier f.

科属：旋花科鱼黄草属

生境：路边、田边、山地草丛

花期：7~8 月

缠绕草本。各部近无毛。茎具棱。叶卵状心形，长 3~13 厘米，先端长渐尖或尾尖，全缘或浅波状；叶柄长 2~7 厘米。聚伞花序腋生，具花 3~7 朵，花序梗长 1~6.5 厘米，具棱；苞片线形。花梗长 0.3~1.5 厘米，向上增粗；萼片近相等，椭圆形，长 5~7 毫米，先端具钻状小尖头；花冠淡红色，钟状，长 1.2~1.9 厘米，冠檐裂片三角形。蒴果近圆形，顶端圆，径 5~7 毫米。种子椭圆状三棱形，长 3~4 毫米，无毛。

jǐndàihuā

海仙 锦带花

Weigela florida (Bunge) A. DC.

花期：5~6月

科属：忍冬科锦带花属

生境：杂木林下或山顶灌木丛中

灌木。叶对生，常为椭圆形、倒卵形或卵状长圆形，先端凸尖或渐尖，基部圆形至楔形，边缘有锯齿；叶柄短。花序腋生，花大；花萼下部合生，上部5中裂；花冠外面紫红色，有毛，内面苍白色，漏斗状钟形，中部以下突然变狭，5浅裂，裂片先端圆形，开展；雄蕊5枚，着生在花冠的中上部，较花冠稍短，花药长形，纵裂；子房下位，柱头头状。蒴果圆柱形，具柄状的喙，2瓣室间开裂。

chuíhuābǎihé

垂花百合

Lilium cernuum Kom.

科属：百合科百合属

生境：草丛或灌木林中

花期：7~8月

易危种。多年生草本。鳞茎广卵形或卵形；鳞片披针形，白色，鳞茎上方茎上生根。茎直立，圆柱形。叶条形，基部无柄，边缘稍反卷。花1~6朵排成总状花序；花梗上升，顶端下弯；花粉红色，下部有紫色斑点；花被片6枚，2轮排列，披针形，反卷，蜜腺两边密生乳头状突起；雄蕊6枚，花丝长2厘米，花药长圆形，背部着生；子房圆柱形，花柱长于子房，柱头膨大。蒴果直立，卵圆形。

chāoxiǎnbáitóuwēng

朝鲜白头翁

Pulsatilla cernua J. Presl

花期：4~5 月

科属：毛茛科白头翁属

生境：山坡、路旁及河岸沙地

多年生草本。根状茎发达；基生叶多数，具长叶柄，基部较宽；叶片卵形，羽状全裂，各裂片又 2~3 深裂，小裂片披针形，先端浅裂或具缺刻状牙齿，叶片基部心形。花莛近顶部稍弯曲，总苞近钟形，掌状深裂，裂片狭倒卵形或近条形，先端三浅裂；花梗长。萼片 6 枚，紫红色，半开展。聚合果圆形；瘦果倒卵状长圆形。

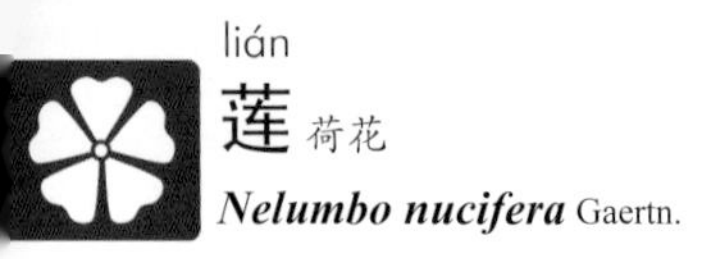

lián

莲 荷花

Nelumbo nucifera Gaertn.

科属：莲科莲属

生境：湖泊、池塘或栽培

花期：7~8月

国家二级保护植物。多年生水生草本；根状茎肥厚，横生泥中，节间膨大，节部缢缩。叶基生，圆形，盾状，挺出水面；叶柄粗壮，圆柱形，中空，着生叶背中央，外面散生小刺。花梗顶生一朵花；花美丽，芳香；萼片4~5枚，绿色；花瓣多数，红色、粉红色或白色，长圆状椭圆形至倒卵形；雄蕊多数，花丝细长，花药黄色；心皮多数；花托倒圆锥形，具20~30个小孔。内呈海绵状。坚果椭圆形或卵形，果皮革质，坚硬，熟时黑褐色。

shaóyào

芍药

Paeonia lactiflora Pall.

科属：芍药科芍药属

花期：5~6月

生境：山坡草地

多年生草本。茎直立，圆柱形。叶互生，近革质，一至二回三出复叶或上部叶为单叶，3深裂；小叶卵形、椭圆形或披针形。花大型；萼片3~5枚，常4枚，卵圆形或倒卵状椭圆形，绿色或带紫色；花瓣8~13枚，倒卵形或倒卵状椭圆形，白色或粉红色；雄蕊多数，花药较大，黄色；心皮2~5枚；花盘浅杯状，柱头暗紫色。蓇葖果卵形或椭圆形。种子红褐色①②③。

相近种：**草芍药** ***Paeonia obovata*** Maxim. 小叶背面无毛，有时沿叶脉生疏柔毛；单花顶生；萼片3~5枚，宽卵形，淡绿色，花瓣6枚，白色、红色、紫红色④。

jùzǐjǐn

巨紫堇

Corydalis gigantea Trautv. & C. A. Mey.

科属：罂粟科紫堇属

生境：河岸、沟边及林下湿地

花期：6~7 月

多年生草本。茎生叶具柄至无柄，叶片近三角形，质薄，二回羽状全裂，末回羽片 2~3 深裂，裂片椭圆形至长圆形。总状花序多数，组成复总状圆锥花序，多花；苞片线形。花淡紫红色至淡蓝色，俯垂至近平展；萼片膜质，椭圆形，具渐尖或近圆的顶端；距圆锥形至圆筒形。柱头三角状长圆形。蒴果小，近长圆形或狭卵圆形。

huāmùlán

花木蓝

Indigofera kirilowii Palibin

花期：5~7月

科属：豆科木蓝属

生境：山坡灌丛、疏林或岩缝中

小灌木，高 0.3~1 米。茎圆柱形，与叶轴、小叶两面及花序均疏生白色丁字毛。羽状复叶长 6~15 厘米，叶柄长 1~2.5 厘米；托叶长 4~6 毫米；小叶 3~5 对；小托叶钻形。总状花序疏花；花序梗长 1~2.5 厘米。花梗长 3~5 毫米；花萼杯状；花冠淡红色，旗瓣椭圆形，与翼瓣、龙骨瓣近等长；花药两端有髯毛；子房无毛。荚果圆柱形，具 10 余粒种子；果柄平展。种子赤褐色。

zhūlán

朱兰

Pogonia japonica Rchb. f.

科属：兰科朱兰属

生境：沼泽及林下湿地

花期：6~7月

近危种。植株高达25厘米。根状茎直生，具稍肉质根。茎中部或中上部具1枚叶。叶稍肉质，近长圆形或长圆状披针形，基部抱茎。苞片叶状；花单朵顶生，常紫红色或淡紫红色；萼片窄长圆状倒披针形，中脉两侧不对称；花瓣与萼片相似；唇瓣近窄长圆形，向基部略收窄，中部以上3裂；侧裂片顶端有不规则缺刻或流苏；中裂片舌状或倒卵形，约占唇瓣全长的2/5~1/3，具流苏状齿缺；唇瓣基部有2~4条纵褶片延至中裂片；蕊柱细，上部具窄翅。蒴果长圆形。

chángbáicāosū

高山糙苏 **长白糙苏**

Phlomis koraiensis Nakai

花期：7~8 月

科属：唇形科糙苏属

生境：高山草地

多年生草本。茎高约 44 厘米，近圆柱形。基生叶阔心形，先端钝圆形或急尖，基部深心形，边缘具圆齿，茎生叶心形，边缘具圆齿，苞叶卵形至披针形，先端钝或渐尖，基部浅心形至阔楔形，叶片均上面橄榄绿色，具皱纹，基生叶叶柄长 8~11.5 厘米，茎生叶叶柄长约 2.5 厘米，苞叶叶柄短或近无柄。轮伞花序；苞片刺毛状。花萼钟形。花冠红紫色。小坚果无毛。

shānluóhuā

山罗花

Melampyrum roseum Maxim.

科属：列当科山罗花属

生境：山坡、灌丛、林缘及林下

花期：7~8 月

一年生草本。茎通常多分枝，少不分枝，近于四棱形。叶柄短，叶片披针形至卵状披针形，顶端渐尖，基部圆钝或楔形。苞叶绿色，仅基部具尖齿至整个边缘具多条刺毛状长齿，较少几乎全缘的，顶端急尖至长渐尖。萼齿长三角形至钻状三角形，生有短睫毛；花冠紫色、紫红色或红色，筒部长为檐部长的 2 倍左右。蒴果卵状渐尖，直或顶端稍向前偏。种子黑色。

yěsūzǐ

野苏子

Pedicularis grandiflora Fisch.

花期：7~8 月

科属：列当科马先蒿属

生境：水泽和草甸中

多年生草本。常多分枝，干时变为黑色，全体无毛。根成丛，多少肉质。茎粗壮，中空，有条纹及棱角。叶互生；叶片轮廓为卵状长圆形，两回羽状全裂。花序长总状，向心开放；花稀疏，下部者有短梗；苞片不显著，多少三角形，近基处有少数裂片；萼钟形；花冠长约 33 毫米，盔端尖锐而无齿，下唇不很开展。果卵圆形，有凸尖，稍侧扁，室相等。

fǎngùmǎxiānhāo

返顾马先蒿

Pedicularis resupinata L.

科属：列当科马先蒿属

生境：湿润草地及林缘

花期：7~8月

多年生草本。茎上部多分枝。叶均茎生，互生或中下部叶对生；叶卵形或长圆状披针形，有钝圆重齿，齿上有浅色胼胝或刺尖，常反卷。总状苞片叶状。花萼长卵圆形，前方深裂，萼齿2枚；花冠淡紫红色，花冠筒基部向右扭旋，下唇及上唇成返顾状，上唇上部两次稍膝状弓曲，顶端成圆锥状短喙，背部常被毛，下唇稍长于上唇，锐角开展，中裂片较小，略前凸。

suìhuāmǎxiānhāo

穗花马先蒿

Pedicularis spicata Pall.

花期：7~8月

科属：列当科马先蒿属

生境：草地、溪流旁及灌丛中

一年生草本。茎单一或多条，上部常多分枝，分枝4条轮生。基生叶常早枯，较小；茎生叶多4枚轮生，具柄，叶长圆状披针形或线状窄披针形，羽状浅裂或深裂，具尖锯齿。穗状花序顶生，苞片长于萼；花萼短钟形，膜质透明，前方微裂；花冠红色，冠筒在萼口向前近直角膝曲，上唇额部高凸，下唇大。蒴果歪窄卵形，上部向下弓曲①②③。

相近种：**轮叶马先蒿** ***Pedicularis verticillata*** L. 茎生叶下部者偶对生，一般4枚成轮。花序总状，常稠密；花冠紫红色④。

dàhuāsháolán

大花杓兰

Cypripedium macranthos Sw.

科属：兰科杓兰属

生境：林下、林缘或草坡

花期：6~7月

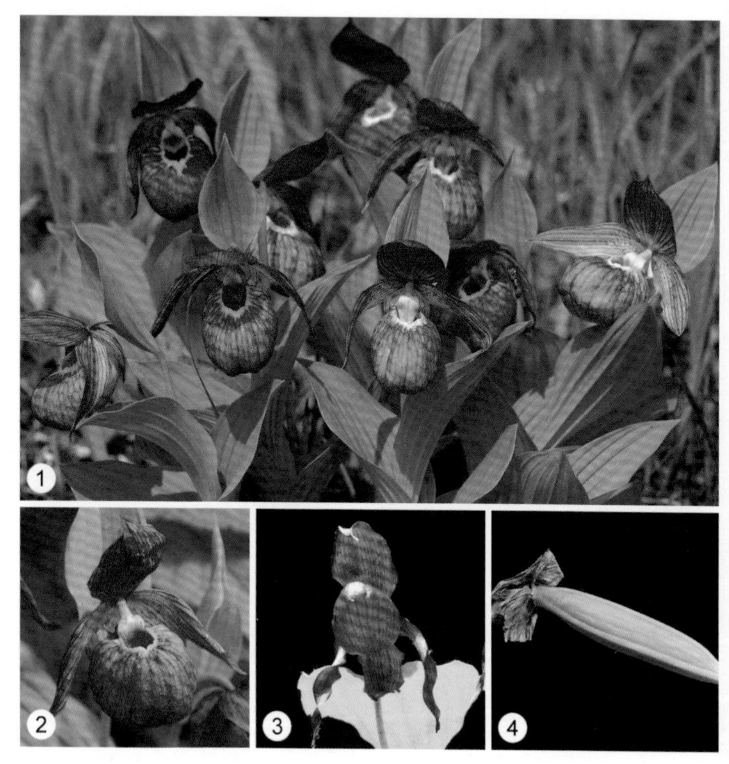

濒危种。多年生草本。叶通常5枚，长椭圆形至宽椭圆形，全缘，基部渐狭成鞘状抱茎。花苞片下部者叶状，但明显小于下部叶片；花顶生，红色，常1朵，偶有2朵者；中萼片宽卵形；合萼片比中萼片短与狭，先端二齿状裂；花瓣卵状披针形；唇瓣卵圆形，内折侧裂片舌状三角形；退化雄蕊矩圆状卵形；花药扁圆形。子房弧曲。

luǎnchúnkuīhuālán

卵唇盔花兰

Galearis cyclochila (Franch. & Sav.) Soó

花期：6~7 月

科属：兰科盔花兰属

生境：山坡林下或灌丛下

多年生草本。植株高 9~19 厘米。无块茎，具伸长、平展、肉质、指状的根状茎。茎直立，纤细。叶 1 枚，基生，直立伸展，叶片长圆形、宽椭圆形至宽卵形，质地较厚，上面无紫斑。花茎直立，纤细，花序通常具 2 朵花，2 花集生紧靠近呈头状花序，两朵花的苞片紧靠近对生；花淡的粉红色或白色；中萼片直立，宽披针形或长圆状卵形；花瓣直立，边缘无睫毛；唇瓣向前伸展，卵圆形，不裂，基部收狭呈爪，具距；距纤细，下垂。

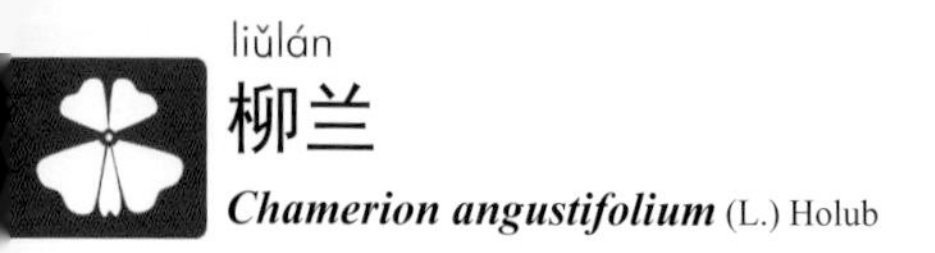

liǔlán

柳兰

Chamerion angustifolium (L.) Holub

科属：柳叶菜科柳兰属

生境：山区半开旷或开旷较湿润处

花期：7~8 月

多年生丛生草本。茎不分枝或上部分枝，圆柱状。叶螺旋状互生，稀近基部对生，中上部的叶线状披针形或窄披针形，基部钝圆，无柄。花序总状；苞片下部的叶状。花萼片紫红色，长圆状披针形；花瓣粉红色或紫红色，稀白色，稍不等大，上面 2 枚较长大，倒卵形或窄倒卵形，全缘或先端具浅凹缺；花药长圆形；花柱开放时强烈反折，花后直立，柱头 4 深裂。

báixiān

金雀儿椒 白鲜

Dictamnus dasycarpus Turcz.

花期：6月

科属：芸香科白鲜属

生境：山坡

多年生草本。全株有强烈香气；根肉质粗长，淡黄白色。茎直立，基部木质。奇数羽状复叶互生，小叶9~13枚，纸质，椭圆形至长圆状披针形，先端渐尖，基部楔形，无柄，具细锯齿。总状花序顶生，花梗基部有条形苞片1枚；花大，淡紫色或白色；萼片5枚，宿存，下面一片下倾并稍大；雄蕊10枚，伸出于花瓣外。蒴果5室，成熟时5裂，裂瓣顶端具尖喙，密被黑色腺点及白色柔毛。

cháling

茶菱 铁菱角

Trapella sinensis Oliv.

科属：车前科茶菱属

生境：池塘或湖泊中

花期：7~8 月

多年生水生草本。根状茎横走。茎绿色。叶对生，上面无毛，下面淡紫色；沉水叶三角状圆形或心形，先端钝尖，基部浅心形；叶柄长 1.5 厘米。花单生叶腋，在茎上部叶腋的多为闭锁花；萼齿 5，长约 2 毫米，宿存；花冠淡红色，裂片 5，圆形，薄膜质，具细脉纹；花药 2 室，极叉开，纵裂。子房下室有 2 胚珠。蒴果窄长，不开裂，有 1 种子，顶端有锐尖的 3 长 2 短的钩状附属物，其中长的附属物可达 7 厘米，短的附属物长 0.5~2 厘米。

hóng huā lù tí cǎo

红花鹿蹄草

Pyrola asarifolia subsp. ***incarnata***

(DC.) E. Haber & Hir. Takah.

花期：6~7 月

科属：杜鹃花科鹿蹄草属

生境：林下

常绿匍匐小灌木。茎细长，红褐色。叶圆形至倒卵形，边缘中部以上具 1~3 对浅圆齿；叶柄极短。花芳香，着花小枝总花梗状；苞片狭小，条形；花梗纤细；小苞片大小不等；萼筒近圆形，萼檐裂片狭尖，钻状披针形；花冠淡红色或白色，裂片卵圆形；雄蕊着生于花冠筒中部以下，花药黄色；柱头伸出花冠外。果实近圆形，黄色，下垂①②③。

相近种：**日本鹿蹄草** ***Pyrola japonica*** Alef. 花倾斜，半下垂，萼片披针状三角形；花冠碗形，白色④。

shòucǎo

绶草

Spiranthes sinensis (Pers.) Ames

科属：兰科绶草属

生境：林地、灌丛、草地或河滩沼泽中

花期：7~8月

地生草本。茎较短，近基部生2~5枚叶。叶片宽线形或宽线状披针形，极罕为狭长圆形，直立伸展，先端急尖或渐尖，基部收狭具柄状抱茎的鞘。花茎直立；总状花序具多数密生的花；花苞片卵状披针形；子房纺锤形；花小，紫红色、粉红色或白色；萼片下部靠合，中萼片狭长圆形，舟状，与花瓣靠合呈兜状；侧萼片偏斜，披针形，先端稍尖；花瓣斜菱状长圆形；唇瓣宽长圆形，基部凹陷呈浅囊状。

hóngliǎo

东方蓼 红蓼

Polygonum orientale L.

花期：7~8月

科属：蓼科萹蓄属

生境：沟边湿地、村边路旁

一年生草本。叶卵形或宽卵形，先端渐尖，基部圆形或宽楔形，全缘，茎下部叶较大，上部叶变狭。穗状花序下垂，组成疏松的圆锥花序；苞鞘状，宽卵形，内含1~5朵花；花梗细。花被紫红色、粉红色或白色，5深裂；雄蕊7枚，花药外露；花柱2个，基部合生。

chángyàobābǎo

长药八宝 石头菜

Hylotelephium spectabile (Boreau) H. Ohba

科属：景天科八宝属

生境：低山多石山坡上

花期：8~9月

多年生草本。茎直立。叶对生或 3 片叶轮生，卵形至宽卵形或长圆状卵形，全缘或多或少有波状牙齿。伞房状聚伞花序顶生，直径 7~11 厘米，花密生，直径约 1 厘米，花梗长 2~4 毫米；萼片 5 枚，线状披针形至宽披针形，渐尖；花瓣 5 枚，淡紫红色至紫红色，披针形至宽披针形，渐尖；雄蕊 10 枚，花药紫色；鳞片 5 个，长圆状楔形，先端有微缺；心皮 5 枚，狭椭圆形，花柱长约 1.2 毫米。蓇葖果直立。

hèmáotiěxiànlián

褐毛铁线莲

Clematis fusca Turcz.

花期：6~7月

科属：毛茛科铁线莲属

生境：山坡、林边及杂木林中或草坡上

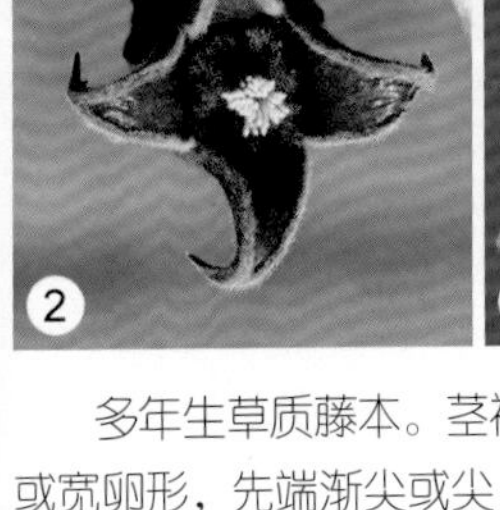

多年生草质藤本。茎被柔毛。羽状复叶具5~9小叶；小叶纸质，卵形或宽卵形，先端渐尖或尖，基部圆形或近心形，全缘，不裂或2~3浅裂，两面疏被柔毛或近无毛，顶生小叶成卷须。花序腋生，1朵花；花序梗近无或长1~3厘米；苞片卵形或椭圆形。花梗长6~8毫米，下弯；萼片4枚，褐紫色，卵状长圆形，长约1.8厘米，被柔毛；花丝及花药密被长柔毛，花药具小尖头。瘦果宽椭圆形，长约6毫米，疏被柔毛，宿存花柱长约3厘米。

máoèxiāngjiè

毛萼香芥

Clausia trichosepala (Turcz.) Dvorák

科属：十字花科香芥属

生境：山坡、林缘及路旁

花期：6~7月

二年生草本。茎直立，多为单一，有时数个，不分枝或上部分枝。基生叶在花期枯萎，茎生叶长圆状椭圆形或窄卵形，顶端急尖，基部楔形，边缘有不等尖锯齿。总状花序顶生；花直径约 1 厘米；花梗短；萼片直立，外轮 2 片条形，内轮 2 片窄椭圆形；花瓣倒卵形，基部具线形长爪；花柱极短，柱头显著 2 裂。长角果窄线形；果梗水平开展，增粗；种子卵形，浅褐色。

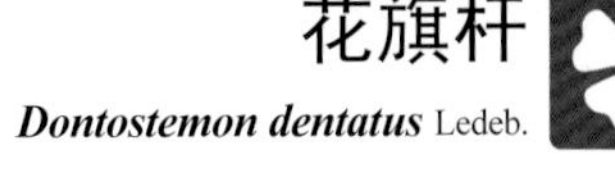

huāqígān

花旗杆

Dontostemon dentatus Ledeb.

科属：十字花科花旗杆属

花期：5~6 月

生境：山地、岩石隙间、山坡或林边

二年生草本。高 10~50 厘米。茎单一或分枝。叶椭圆状披针形，两端渐狭，两面稍具毛，边缘有数个疏牙齿；上部叶无柄，下部叶有柄。总状花序顶生或腋生，结果时长 10~20 厘米；萼片椭圆形，具白色膜质边缘，背面稍被毛；花瓣淡紫色，倒卵形，先端钝，基部具爪。长雄蕊花丝成对合生，花药分离，无蜜腺，短雄蕊离生，其基部每侧各有 1 个蜜腺；子房无柄，无毛，花柱短，柱头头状。长角果长圆柱形或狭条形。种子棕色，长椭圆形。

báishānlóudǒucài

白山耧斗菜

Aquilegia japonica Nakai & Hara

科属：毛茛科耧斗菜属

生境：高山苔原带、林缘及河岸

花期：7月

多年生草本。茎通常单一，直立。叶全部基生，少数，为二回三出复叶，小叶卵圆形，三全裂，全裂片楔状倒卵形。花 1~3 朵；苞片线状披针形，一至三浅裂；萼片蓝紫色，开展，椭圆状倒卵形，顶端钝或近圆形；花瓣瓣片黄白色至白色，距紫色，末端弯曲呈钩状。

shízhú

石竹

Dianthus chinensis L.

花期：6~7月

科属：石竹科石竹属

生境：山坡草地

多年生草本。节部膨大。叶披针形或线状披针形。花单朵顶生或2~3朵簇生，花梗长，集成聚伞状花序；萼下苞2~3对，长约为萼筒的一半或达萼齿基部；萼圆筒形，有时带紫色，萼齿直立，披针形，边缘膜质，先端凸尖；瓣片通常红紫色或粉紫色，广椭圆状倒卵形至菱状广倒卵形，基部楔形，上缘具齿。

qúmài

瞿麦

Dianthus superbus L.

科属：石竹科石竹属

生境：林地、草甸、沟谷溪边

花期：7~8 月

多年生草本。茎丛生，直立，绿色，上部分枝。叶线状披针形，基部鞘状，绿色，有时带粉绿色。花 1~2 朵顶生，有时顶下腋生。苞片 2~3 对，倒卵形；花萼筒形，常带红紫色，萼齿披针形；花瓣淡红色或带紫色，稀白色，爪内藏，瓣片宽倒卵形，边缘缝裂至中部或中部以上，喉部具髯毛；雄蕊及花柱微伸出。蒴果筒形，与宿萼等长或稍长，顶端 4 裂。

huārěn

电灯花 **花荵**

Polemonium caeruleum L.

科属：花荵科花荵属

花期：6~7月

生境：草甸或草丛、林下或溪流附近

多年生草本。根状茎横走。茎直立，不分枝。奇数羽状复叶，小叶15~21枚，小叶无柄，叶片披针形或狭披针形，先端渐尖，基部近圆形，全缘。顶生聚伞圆锥花序，具多花；花梗纤细；花萼筒形，具短腺毛，裂片三角形；花冠宽钟形，蓝色，裂片圆形，长为花冠筒的2倍；雄蕊着生于花冠筒上部，伸出，基部有须毛；花柱1个，柱头3裂，远伸出花冠之外。

fěnbàochūn

粉报春 红花粉叶报春

Primula farinosa L.

科属：报春花科报春花属

生境：高山苔原带

花期：5~6 月

多年生草本。叶丛生；叶柄甚短或与叶片近等长；叶长圆状倒卵形、窄椭圆形或长圆状披针形，先端近圆或钝，基部渐窄，具稀疏小牙齿或近全缘，下面被青白色或黄色粉。伞形花序顶生；苞片长 3~8 毫米，基部成浅囊状。花萼钟状，具 5 棱，分裂达全长的 1/3~1/2，裂片卵状长圆形或三角形；花冠淡紫红色，冠筒长 5~6 毫米，冠檐径 0.8~1 厘米，裂片楔状倒卵形，先端 2 深裂。蒴果筒状。

jiànbàochūn

箭报春

Primula fistulosa Turkev.

花期：5~6月

科属：报春花科报春花属

生境：低湿地、草甸地和沙质草地

多年生草本。基生叶密集丛生，质较薄，长圆状倒披针形至长圆形，基部下延成翼状柄，先端渐尖，稀钝，边缘具不整齐的浅齿。花莛粗壮，中空，果期高可达20厘米，顶部缢缩，具细棱，花序呈球状伞形，有花数十朵；苞片多数，长圆状卵形或卵状披针形，基部通常膨胀呈浅囊状，先端尖，花梗等长；萼筒杯状或钟状；花冠筒瓶状，花冠蔷薇色或带红紫色，裂片2深裂；子房近圆形。

yánshēngbàochūn

岩生报春

Primula saxatilis Kom.

科属：报春花科报春花属

生境：林下和石缝中

花期：5~6月

易危种。多年生草本。叶3~8枚丛生；叶柄被柔毛，叶宽卵形或长圆状卵形，先端钝，基部心形，具羽状脉，具缺刻状深齿或羽状浅裂，深达叶片的1/5~1/4，裂片具三角形牙齿。花莛高10~25厘米；伞形花序1~2轮；苞片线形或长圆状披针形。花梗纤细；花萼无毛，近筒状，分裂达中部，裂片披针形；花冠无毛，淡紫红色，冠筒长1.2~1.3厘米，冠檐径1.3~2.5厘米，裂片倒卵形。

yīngcǎo

樱草

Primula sieboldii E. Morren

花期：5月

科属：报春花科报春花属

生境：湿草甸、河岸及林缘等处

近危种。多年生草本。叶3~8枚，全部基生，卵状长圆形至长圆形，边缘具齿。伞形花序1轮，花5~15朵；具花梗；萼钟形，裂片5枚，三角状披针形，稍开展；花冠紫红色至淡红色，稀白色，呈高脚碟状，裂片5枚，倒心形，平展，先端2裂；雄蕊5枚；花柱长于雄蕊。蒴果近圆形。

yuányèqiānniú

圆叶牵牛 喇叭花

Ipomoea purpurea (L.) Roth

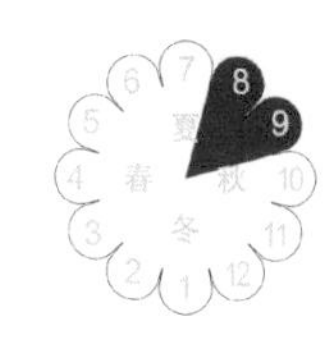

科属：旋花科虎掌藤属

生境：田边、路边、宅旁或山谷林内

花期：8~9月

一年生缠绕草本。叶圆心形或宽卵状心形，基部圆，心形，顶端锐尖，通常全缘，偶有3裂；花腋生，1~5朵成聚伞花序；苞片线形；萼片近等长，外面3片长椭圆形，渐尖，内面2片线状披针形；花冠漏斗状，紫红色、红色或白色，花冠管通常白色；雄蕊与花柱内藏。

jiégěng

铃当花 **桔梗**

Platycodon grandiflorus (Jacq.) A. DC.

花期：7~8月

科属：桔梗科桔梗属

生境：阳处草丛、灌丛中，少生于林下

多年生草本。茎直立，不分枝。叶轮生、部分轮生至全部互生，卵形、卵状椭圆形或披针形。花单朵顶生，或数朵集成假总状花序，或有花序分枝而集成圆锥花序；花冠漏斗状钟形，蓝色或紫色，5裂；雄蕊5枚，离生，花丝基部扩大成片状，且在扩大部分有毛；蒴果球状、球状倒圆锥形或倒卵圆形。

zhūyáhuā

猪牙花 母猪牙

Erythronium japonicum Decne.

科属：百合科猪牙花属

生境：林下湿润地

花期：4~5月

易危种。多年生草本。鳞茎圆柱状，淡黄褐色。叶2枚，极少3枚，生于植株中部以下，具长柄；叶片椭圆形至披针状长圆形，先端骤尖或急尖，基部圆形，有时楔形，全缘；叶幼时，表面有不规则的白色斑纹，老时表面具不规则的紫色斑纹。花单朵顶生，下垂，较大；花被片6枚，排成2轮，长圆状披针形，紫红色而基部有3枚齿状的黑紫色斑纹，开花时强烈反卷；雄蕊6枚，花丝近丝状，花药广条形，黑紫色。蒴果稍圆形，有3条棱。

科属：鸢尾科鸢尾属

花期：6~7月

生境：沼泽地或河岸的水湿地

近危种。多年生草本。植株基部围有叶鞘残留的纤维；根状茎粗壮，斜伸。叶条形，中脉明显。花茎实心；苞片3枚，近革质，坚硬，平行脉突出，包2朵花。花深紫色；外花被裂片倒卵形，中脉有黄色条斑；内花被裂片窄披针形；雄蕊花药紫色；花柱分枝扁，稍拱形弯曲。蒴果长椭圆形，6条肋明显。种子棕褐色，扁平，边缘翅状。

shānyuānwěi

山鸢尾

Iris setosa Link

科属：鸢尾科鸢尾属

生境：亚高山湿草甸或沼泽地

花期：7月

多年生草本。根状茎粗，斜伸。叶剑形或宽线形，无明显中脉。花茎高 0.6~1 米，上部有 1~3 分枝；苞片 3 枚，膜质，披针形或卵圆形。花蓝紫色，径 7~8 厘米；花被筒喇叭形；外花被裂片宽倒卵形；无附属物，中部以下有黄色及紫红色脉纹，内花被裂片针状，雄蕊长约 2 厘米；花柱分枝扁平，顶端裂片近方形，子房圆柱形，长约 1 厘米。蒴果椭圆形或卵圆形，有 6 条肋。种子淡褐色。

miánzǎoér

绵枣儿

Barnardia japonica (Thunb.) Schult. & Schult. f.

科属：天门冬科绵枣儿属

花期：7~8 月

生境：山坡、草地、路边或林缘

多年生草本。鳞茎卵形或近圆形，外皮黑褐色或褐色，鳞茎下部生有多数须根。叶基生，常 2~5 枚，条形，平滑，正面凹。花莛先叶抽出，顶生总状花序，具多数花，苞片小，线状；花小，粉红色、紫红色或粉白色；花被片 6 枚，长圆形、倒卵形或狭椭圆形，有深紫色的脉纹 1 条；雄蕊 6 枚。蒴果倒卵形，室背开裂。

dōngběiyùzān

东北玉簪

Hosta ensata F. Maek.

科属：天门冬科玉簪属

生境：林边或湿地上

花期：8月

多年生草本。叶基生，披针形或长圆状披针形，先端尖或渐尖，基部楔形，具 4~8 对弧形脉。花莛由叶丛中抽出，在花序下方的花莛上具 1~4 枚白色膜质的苞片，为卵状长圆形；总状花序，具花 10~20 朵；苞片宽披针形，膜质；花紫色或蓝紫色；花被下部结合成管状，上部开展呈钟状，先端 6 裂；雄蕊 6 枚，稍伸出花被外；子房圆柱形，3 室，每室有多数胚珠，花柱细长，明显伸出花被外。蒴果长圆形，室背开裂。种子多数，黑色。

yǔjiǔhuā

雨久花

Monochoria korsakowii Regel & Maack

花期：7~8 月

科属：雨久花科雨久花属

生境：池塘、湖沼靠岸的浅水处

多年生直立水生草本。根状茎粗壮，下生多数纤维根。叶片广心形或卵状心形，先端渐尖，基部心形，全缘，具弧形脉；基生叶叶柄长，茎生叶叶柄短，基部扩大成宽鞘，抱茎，常呈紫色。圆锥花序或少为总状花序，顶生，长出于叶，具 7~10 朵花或更多。花蓝色；花被片 6 枚，椭圆形，顶端圆钝；雄蕊 6 枚，花药黄色；子房卵形。蒴果长卵圆形。种子长圆形，有纵棱。

xiānhuánglián

鲜黄连

Plagiorhegma dubium Maxim.

科属：小檗科鲜黄连属

生境：林下、灌丛或山坡阴湿处

花期：4~5月

多年生草本。根状茎短，外皮暗褐色，内皮鲜黄色；须根发达，形成密集的根系。叶基生，具长柄；叶片近圆形，花后增大，基部深心形，顶端微凹，边缘波状。花茎单一，由基生叶间抽出，顶端着生1朵花；花两性；萼片4枚，卵形，紫红色，早落；花瓣6~8枚，天蓝色，倒卵形；雄蕊8枚，离生，花药2瓣裂；雌蕊单一，子房上位，长卵圆形，花柱短，柱头2浅裂。蒴果纺锤形。种子长圆形或倒卵形。

báitóuwēng

大碗花 **白头翁**

Pulsatilla chinensis (Bunge) Regel

花期：4~5 月

科属：毛良科白头翁属

生境：草丛、林边或干旱多石的坡地

多年生草本。基生叶多数，三出；叶片宽卵形，3 全裂，中央裂片通常具柄，3 深裂，侧生裂片较小，不等 3 裂；叶柄较长。花莛 1~2 枝；总苞管状，裂片条形；花梗较长；萼片 6 枚，排成 2 轮，蓝紫色，披针形或卵状披针形；无花瓣；雄蕊多数；心皮多数；瘦果密集呈圆形，宿存花柱羽毛状。

xīngānbáitóuwēng

兴安白头翁

Pulsatilla dahurica (DC.) Spreng.

科属：毛茛科白头翁属

生境：山坡、路旁及河岸沙地

花期：5~6月

多年生草本。基生叶 7~9 枚，有长柄；叶片卵形，基部近截形，三全裂或近似羽状分裂，一回中全裂片有细长柄，又三全裂，二回裂片深裂，深裂片狭楔形或宽线形，全缘或上部有 2~3 小裂片或牙齿，一回侧全裂片无柄或近无柄，不等三深裂；具长叶柄。花莛 2~4 枝，直立；总苞钟形，裂片与基生叶裂片相似；花梗果时增长；花近直立；萼片紫色，椭圆状卵形，顶端微钝。聚合果直径约 10 厘米；瘦果狭倒卵形，花柱宿存。

qiānqūcài

千屈菜

Lythrum salicaria L.

花期：7~8月

科属：千屈菜科千屈菜属

生境：河岸、湖畔、溪沟边和潮湿草地

多年生草本。宿根木质状。茎直立，多分枝，四棱形或六棱形。叶对生或3枚轮生，狭披针形，先端钝或渐尖，基部心形或圆形，无柄，有时略抱茎，全缘。总状花序顶生；苞片阔披针形或三角状卵形。花两性，数朵簇生于叶状苞片腋内，具短梗；花萼筒状，顶端具6枚齿；萼片6枚，三角形；附属体线状，直立；花瓣6枚，紫色，生于萼筒上部；雄蕊12枚，6长6短，排成2轮；子房上位，2室。蒴果包藏于萼内，椭圆形，2裂，裂片再2裂。

zhāng'ěrxìxīn

獐耳细辛

Hepatica nobilis* var. *asiatica

(Nakai) H. Hara

科属：毛茛科獐耳细辛属

生境：山地杂木林内或草坡石下阴处

花期：4~5月

多年生草本。根状茎斜上，多节，密生暗褐色须根。基生叶3~6枚；叶三角状宽卵形，基部深心形，3裂至中部，中央裂片宽卵形，侧生裂片卵形，全缘，顶端稍钝，有时有短尖头；具长叶柄。花莛1~6枚，被柔毛；苞片椭圆状卵形，全缘。萼片6~11枚，粉红色或堇色，窄长圆形，顶端钝；雄蕊多数，黄色，花药椭圆形。瘦果卵圆形，宿存花柱短。

qiànshí

刺莲藕 **芡实**

Euryale ferox Salisb.

花期：7~8 月

科属：睡莲科芡属

生境：池塘、湖沼中

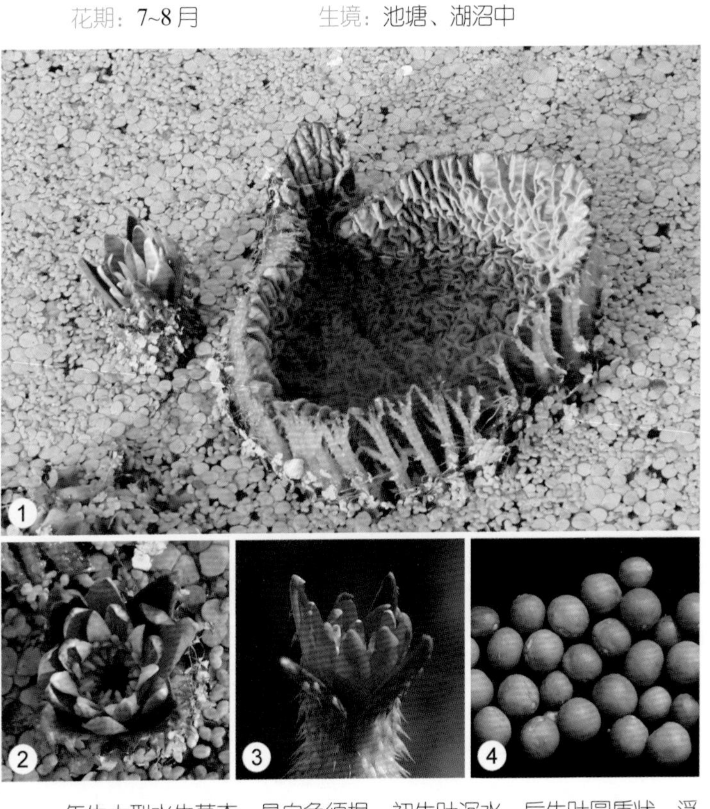

一年生大型水生草本。具白色须根。初生叶沉水，后生叶圆盾状；浮水叶革质，椭圆肾形至圆形，盾状，全缘；叶柄及花梗粗壮，圆柱状，中空，皆有硬刺。花梗顶生 1 朵花。萼片披针形，肉质；花瓣多数，成 3~5 轮排列，向内渐变成雄蕊；外轮鲜紫红色，中层紫红色，具白斑，内层内面白色，外面具紫红色斑点；雄蕊多数；子房下位，柱头红色。

cuìjú

翠菊 江西腊

Callistephus chinensis (L.) Nees

科属：菊科翠菊属

生境：山坡、林缘、林下及岩石缝隙中　　花期：8~9 月

一年生或二年生草本。茎直立，单生，有纵棱；中部茎叶卵形、菱状卵形或匙形或近圆形，顶端渐尖，具柄。头状花序单生于茎枝顶端。总苞半圆形；总苞片 3 层，近等长，外层长椭圆状披针形或匙形，中层匙形，内层苞片长椭圆形。雌花 1 层，蓝色或浅蓝色至近白色，舌片具短管部；两性花花冠黄色，檐部约为管部的 4 倍。瘦果长椭圆状倒披针形，稍扁。外层冠毛宿存，内层冠毛雪白色，顶端渐尖，易脱落。

zǐwǎn

还魂草 **紫菀**

***Aster tataricus* L. f.**

花期：7~9月

科属：菊科紫菀属

生境：低山阴坡湿地、草地及沼泽地

多年生草本。叶疏生，厚纸质，叶椭圆状匙形，向上渐狭至长圆状披针形，下部叶基部渐窄成长柄，向上渐无柄，边缘具齿或全缘，上部叶窄小。头状花序，多数在茎枝顶端排成复伞房状；总苞半圆形。舌状花约20朵，舌片蓝紫色。瘦果紫褐色；冠毛污白色或带红色。

shānfēipéng

山飞蓬

Erigeron alpicola (Makino) Makino

科属：菊科飞蓬属

生境：高山草地、苔原或林缘

花期：7~8月

多年生草本，根状茎短或较长，斜升或稀横卧；茎数个，直立，不分枝，绿色，具条纹，被疏开展的长节毛；基部叶密集，莲座状，倒卵形，匙形或倒披针形，全缘；下部叶倒披针形，具短柄，中部和上部叶披针形或线状披针形，无柄。头状花序，单生于茎端；总苞半球形，总苞片3层，线状披针形，舌片平，淡紫色，稀白色；中间的两性花管状，黄色，檐部漏斗状，中部被疏贴微毛，裂片无毛；花药伸出花冠；瘦果倒披针形，扁压，被较密的短贴毛。

xiǎohóngjú

小红菊

Chrysanthemum chanetii H. Lév.

花期：8~9月

科属：菊科菊属

生境：草地、山坡林缘、灌丛及河滩

多年生草本。茎枝疏被毛。中部茎生叶肾形、半圆形、近圆形或宽卵形，常3~5掌状或掌式羽状浅裂或半裂，稀深裂，侧裂片椭圆形；上部茎叶椭圆形或长椭圆形，接花序下部的叶长椭圆形或宽线形，羽裂、齿裂或不裂；中下部茎生叶基部稍心形或平截。头状花序排成疏散伞房花序，稀单生茎端；总苞碟形，总苞片4~5层，边缘白色或褐色膜质。舌状花白色、粉红色或紫色，先端2~3齿裂。瘦果具4~6脉棱。

xiǎoshānjú

小山菊

Chrysanthemum oreastrum Hance

科属：菊科菊属

生境：高山苔原带

花期：7~8月

多年生草本，高 3~45 厘米，有地下匍匐根状茎。茎直立。基生及中部茎叶菱形、扇形或近肾形。上部叶与茎中部叶同形。末回裂片线形或宽线形。全部叶有柄。叶下面被稠密或较多的蓬松的长柔毛至稀毛而几无毛。头状花序直径 2~4 厘米。总苞浅碟状。总苞片 4 层。外层线形、长椭圆形或卵形。全部苞片边缘棕褐色或黑褐色宽膜质。舌状花白色、粉红色。舌片顶端 3 齿或微凹。瘦果长约 2 毫米。

mĕihuāfēngmáojú
球花风毛菊 美花风毛菊
Saussurea pulchella (Fisch.) Fisch.

花期：8~9月

科属：菊科风毛菊属

生境：草原、林缘、灌丛、沟谷草甸

多年生草本。茎被硬毛和腺点或近无毛。基生叶长圆形，羽状深裂或全裂，裂片线形或披针状线形，全缘，或分裂或有齿，两面被糙毛或近无毛；下部与中部茎生叶与基生叶同形并等样分裂；上部叶披针形或线形，无柄，羽状浅裂或不裂。头状花序排成伞房状或伞房圆锥花序；总苞球形或球状钟形，总苞片6~7层，背面疏被长柔毛或近无毛，外层卵形，先端有圆形具齿红色膜质附片。小花淡紫色。瘦果倒圆锥状，黄褐色；冠毛2层，淡褐色。

wěiníhúcài

伪泥胡菜 假升麻

Serratula coronata L.

科属：菊科伪泥胡菜属

生境：林地、湿草地、草甸或河岸

花期：8~9 月

多年生草本。叶互生，叶片羽状深裂，顶裂片较大，侧裂片 3~8 对，长圆状披针形。头状花序数个，生于枝端；总苞广钟形，基部圆形，总苞片 7~8 层；花异型，紫色，边花雌性，花冠管状，4 裂，稀 3~5 裂；中央花两性，花冠管状，先端 5 裂。

lòulú

郎头花 漏芦

Rhaponticum uniflorum (L.) DC.

花期：6~7月

科属：菊科漏芦属

生境：山坡、林缘、林下及岩石缝隙中

多年生草本。茎簇生或单生，灰白色。基生叶及下部茎生叶椭圆形、长椭圆形、倒披针形，羽状深裂，侧裂片5~12对，椭圆形或倒披针形，有锯齿或二回羽状分裂，具长柄；中上部叶渐小，与基生叶及下部叶同形并等样分裂，有短柄；叶柔软，两面灰白色。头状花序单生茎顶；总苞半圆形，总苞片约9层，先端有膜质宽卵形附属物，浅褐色。小花均两性，管状，花冠紫红色。瘦果楔状；冠毛褐色，多层，向内层渐长，糙毛状。

chángbáijídòu

长白棘豆

Oxytropis anertii Nakai

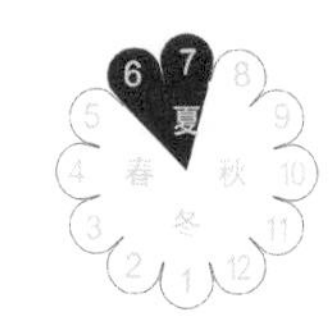

科属：豆科棘豆属

生境：高山冻原带

花期：6~7月

多年生草本。奇数羽状复叶；托叶中部以下与叶柄合生，卵状披针形，小叶9~13枚，卵形、卵状披针形或长圆形，基部圆形，先端渐尖或近锐尖，边缘稍反卷。花序梗与叶近等长；总状花序生于花序梗顶端，2~7朵花密集如头状；花梗极短；苞片卵状披针形，萼筒状；花冠淡蓝紫色或蓝紫色，偶有白色，旗瓣广倒卵形，有长爪，顶端具深凹，翼瓣比旗瓣短，顶端微凹，有耳和细长爪，龙骨瓣稍短于翼瓣，顶端喙很短。荚果卵形至长圆卵形。

shāngěngcài

山梗菜

Lobelia sessilifolia Lamb.

花期：7~8 月

科属：桔梗科半边莲属

生境：湿草甸、林缘、沟边

多年生草本。茎圆柱状，通常不分枝。叶螺旋状排列，在茎的中上部较密集，无柄，厚纸质；叶片宽披针形至条状披针形，边缘有细锯齿。总状花序顶生，苞片叶状，窄披针形，比花短；花萼筒杯状钟形，全缘；花冠蓝紫色，近二唇形，上唇 2 裂片长匙形，较长于花冠筒，上升，下唇裂片椭圆形，约与花冠筒等长；雄蕊在基部以上连合成筒。

duōhuājīngǔcǎo

多花筋骨草

Ajuga multiflora Bunge

科属：唇形科筋骨草属

生境：山坡疏草丛、草地或灌丛中

花期：5~6 月

多年生草本。基生叶通常早枯；茎生叶椭圆状卵圆形至近长圆形，有时为卵状披针形，基部楔形至圆形，抱茎，先端钝或稍尖。轮伞花序在茎顶部通常排列紧密而呈穗状，每轮通常具花 6~10 朵；萼钟形，萼齿 5 枚，边缘有长缘毛；花冠蓝紫色或蓝色，筒状而下部稍狭或狭漏斗状，冠檐二唇形，上唇短、2 裂，下唇伸长、宽大、3 裂，中裂片较大、顶端常 2 浅裂；雄蕊 4 枚，伸出花冠外，前雄蕊较大；花柱超出雄蕊。

shānbōcài

灯笼头 **山菠菜**

Prunella asiatica Nakai

花期：6~7月

科属：唇形科夏枯草属

生境：山坡草地、灌丛及湿地

多年生草本。茎紫红色，多数，高达60厘米。叶卵形或卵状长圆形，先端钝尖，基部楔形，疏生波状齿或圆齿状锯齿，叶柄长1~2厘米。穗状花序顶生；苞叶宽披针形，扁圆形。花梗长约2毫米；花萼长约1厘米，萼筒陀螺形，上唇近圆形，先端具3个近平截短齿，下唇齿披针形，具小刺尖；花冠淡紫色、深紫色或白色，中裂片近圆形，具流苏状小裂片，侧裂片长圆形。小坚果卵球形。

guāngèqīnglán

光萼青兰

Dracocephalum argunense Link

科属：唇形科青兰属

生境：山坡草地、沙质草甸或灌丛中

花期：6~7 月

多年生草本。茎多数自根状茎生出，不分枝或少分枝。叶有短柄或近无柄，长圆状披针形或线状披针形；花序上的叶广披针形或卵状披针形。轮伞花序密集于茎顶 2~4 节上；苞片比萼片短或稍长，卵状披针形，先端锐尖，全缘；花萼呈不明显二唇形，齿锐尖，常带紫色，上唇 3 枚齿，中齿披针状卵形，较侧齿宽，侧齿披针形，下唇 2 枚齿，披针形；花冠二唇形，蓝紫色，上唇 2 浅裂，下唇 3 裂，中裂片较大。

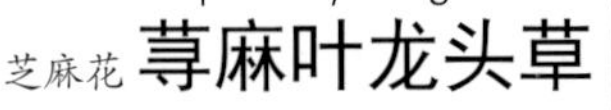

qiánmáyèlóngtóucǎo

芝麻花 荨麻叶龙头草

Meehania urticifolia (Miq.) Makino

花期：5~6 月

科属：唇形科龙头草属

生境：林下、林缘及沟谷

多年生草本。茎直立，细弱，顶部不育枝，常伸长为柔软的匍匐茎，节外生根。叶片心形或卵状心形，通常茎中部叶较大，基部心形，先端渐尖或急尖，边缘具疏或密锯齿或圆齿。轮伞花序或假总状花序；花萼钟形，略二唇形，上唇 3 枚齿稍大，下唇 2 枚齿略短。果期花萼基部稍膨大。花冠淡蓝紫色或蓝紫色，花冠筒上部膨大，冠檐二唇形，上唇直立，顶端 2 浅裂或深裂，侧裂片小；下唇伸长，3 裂，中裂片大，顶裂微凹；雄蕊 4 枚；花柱细长。

kuānbāocuìquèhuā

宽苞翠雀花

Delphinium maackianum Regel

科属：毛茛科翠雀属

生境：山地林边或草坡

花期：7~8 月

多年生草本。茎下部被稍向下斜展的短糙毛，中部以上常变无毛。下部叶在开花时多枯萎；叶片五角形。顶生总状花序狭长，有多数花；轴及花梗密被开展的黄色腺毛；基部苞片叶状，其他苞片带蓝紫色，长圆状倒卵形至倒卵形，船形；小苞片生花梗下部，与苞片相似，蓝紫色；萼片脱落，紫蓝色，偶尔白色，卵形或长圆状倒卵形；花瓣黑褐色；退化雄蕊黑褐色，瓣片与爪等长，卵形，二浅裂。蓇葖果；种子金字塔状四面体形，密生成层排列的鳞状横翅。

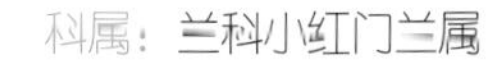

库莎红门兰 **广布小红门兰**

Ponerorchis chusua (D. Don) Soó

花期：6~7 月

科属：兰科小红门兰属

生境：林地、灌丛、草地或高山草甸中

地生草本。茎直立，具 2~3 枚叶，叶长圆状披针形至线形，先端尖，基部鞘状抱茎。花序具 1~20 余朵花，多偏向一侧。苞片披针形或卵状披针形；花紫红色或粉红色；中萼片直立，舟状，与花瓣靠合呈兜状，侧萼片向后反折，斜卵状披针形；花瓣直立，斜窄卵形至宽卵形，前侧近基部膨出，与中萼片靠合呈兜状；唇瓣前伸，3 裂；距圆筒状或圆筒状锥形。

二叶兜被兰 兜被兰

Neottianthe cucullata (L.) Schltr.

科属：兰科兜被兰属

生境：山坡林下或草地

花期：8~9月

易危种。陆生兰。块茎近圆形或广椭圆形。茎纤细。基生叶2枚，卵形、披针形或狭椭圆形，基部近圆形或渐狭，具短鞘，先端急尖或渐尖；茎中部具2~3枚披针形鳞片状叶，先端尾状渐尖。总状花序，具数朵至10余朵花，花常偏向一侧，花紫红色；苞片披针形；萼片与花瓣靠合成盔瓣状，萼片披针形，中部以下靠合成兜状，中萼片侧萼片与中萼片近等大，稍弯曲；侧花瓣线形，较萼片稍短，先端钝或渐尖；距圆锥状。

shǒushēn

手参

Gymnadenia conopsea (L.) R. Br.

花期：7~8 月

科属：兰科手参属

生境：山坡林下、草地或砾石滩草丛中

濒危种。多年生草本。具肉质肥厚块茎，掌状分裂。中部以下具 3~5 片叶，下部两叶较大，椭圆状卵形或倒卵状匙形；上部叶披针形，向上渐小如苞片状。总状花序，长圆柱形，花密生；花粉红色；花瓣宽于萼片，边缘细齿状；唇瓣宽倒卵形或菱形，先端 3 裂；花距细长，弧形弯曲。

bùdàilán

布袋兰

Calypso bulbosa var. ***speciosa***

(Schltr.) Makino

科属：兰科布袋兰属

生境：云杉林下或其他针叶林下

花期：6月

易危种。地生草本。假鳞茎近椭圆形或近圆筒状，根状茎细长。叶1枚，卵形或卵状椭圆形，基部近平截；叶柄长2~3厘米。花葶长达12厘米，中下部有2~3个筒状鞘。苞片膜质，披针形，下部圆筒状包花梗和子房，花梗和子房纤细；花单朵；萼片与花瓣相似，向后伸展，线状披针形；唇瓣扁囊状，腹背扁，3裂，侧裂片半圆形，近直立，中裂片前伸，铲状；囊前伸，有紫色斑纹，末端双角状；蕊柱两侧有宽翅，覆盖囊口。

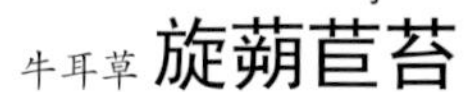

xuánshuòjùtái

牛耳草 旋蒴苣苔

Boea hygrometrica (Bunge) R. Br.

花期：7~8 月

科属：苦苣苔科旋蒴苣苔属

生境：山坡路旁岩石上

多年生无茎草本。叶基生，莲座状，近圆形、圆卵形或卵形，上面被白色贴伏长柔毛，下面被白色或淡褐色贴伏长茸毛，边缘具牙齿或波状浅齿。聚伞花序伞状，2~5 条，每花序具 2~5 朵花；花序梗被淡褐色短柔毛和腺状柔毛；花冠淡蓝紫色，上唇 2 裂，下唇 3 裂；退化雄蕊 3 枚。蒴果长圆形。

bǎilǐxiāng

百里香 地椒叶

Thymus mongolicus (Ronniger) Ronniger

科属：唇形科百里香属

生境：多石山地、斜坡、山谷

花期：7~8月

半灌木。茎多数，匍匐至上升。营养枝被短柔毛；花枝长达10厘米，上部密被倒向或稍平展柔毛，下部毛稀疏，具2~4对叶。叶卵形，先端钝或稍尖，基部楔形，全缘或疏生细齿，被腺点。花序头状。花萼管状钟形或窄钟形，上唇齿长不及唇片的1/3，三角形，下唇较上唇长或近等长；花冠紫红色、紫色或粉红色，冠筒长4~5毫米，向上稍增大。小坚果近圆形或卵圆形，稍扁。

cǎoběnwēilíngxiān

轮叶婆婆纳 草本威灵仙

Veronicastrum sibiricum (L.) Pennell

科属：车前科草灵仙属

花期：7~8月

生境：湿草甸、山坡草地及山坡灌丛内

多年生草本。叶3~9枚轮生，近无柄或具短柄；叶片广披针形、长圆状披针形或倒披针形，基部楔形，先端渐尖或锐尖，近革质，边缘具尖锯齿。花序顶生，多花集成长尾状穗状花序，单一或分歧，花无梗或近无梗，有时具短柄；苞片条形，顶端尖；花萼5深裂，裂片条形或线状披针形；花冠淡蓝紫色、红紫色、紫色、淡紫色、粉红色或白色，花冠比萼裂片长2~3倍，顶端4裂，裂片卵形，不等长；雄蕊2枚，外露。蒴果卵形或卵状椭圆形。

luòxīnfù

落新妇 红升麻

Astilbe chinensis (Maxim.) Franch. & Sav.

科属：虎耳草科落新妇属

生境：山谷、溪边、林地、草甸等处

花期：7~8月

多年生草本。直立。基生叶二至三回三出复叶，小叶卵状长圆形至卵形，边缘具齿；茎生叶2~3枚，较小。圆锥花序顶生，较狭；苞片卵形，较花萼稍短；花萼5枚，深裂；花瓣5枚，紫色，条形；雄蕊10枚，花丝青紫色；花药紫色，成熟后呈米色；心皮2枚。蒴果。

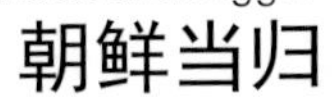

cháoxiǎndāngguī

朝鲜当归

Angelica gigas Nakai

花期：7~8 月

科属：伞形科当归属

生境：林缘、草地、林下及河岸

多年生草本。植株高达 2 米。根圆锥形。茎粗壮。叶宽三角状卵形，小裂片长椭圆形，中裂片基部楔形下延，具不整齐细密缺齿或重锯齿；茎上部叶鞘囊状，叶裂片少而窄，外面紫色。复伞形花序近球形；总苞片 1 至数片，深紫色；伞形花序密集成球形，小总苞片数片，卵状披针形。花瓣倒卵形，深紫色；雄蕊暗紫色；花柱基短圆锥形。果近圆形；背棱龙骨状突起，侧翅与果等宽；棱槽油管 1~2 条，合生面油管 2~4 条。

chángbáipópónà

长白婆婆纳

Veronica stelleri* var. *longistyla Kitag.

科属：车前科婆婆纳属

生境：高山冻原带

花期：7~8月

多年生草本。茎直立或上升，不分枝，高5~20厘米，多少有长柔毛。叶有4~7对，无柄，卵形至卵圆形，边缘浅刻或有明显锯齿，疏被柔毛。总状花序疏花，各部分被多细胞腺毛；苞片全缘；花梗比苞片长；花萼裂片披针形或椭圆形；花冠蓝色或紫色，裂片开展，后方一枚圆形，其余3枚卵形，下半部被短腺毛；雄蕊略伸出。蒴果倒卵形，被多细胞腺毛，宿存的花柱长5~7毫米，卷曲。种子卵圆形。

chángbáishānlóngdǎn

长白山龙胆

Gentiana jamesii Hemsl.

花期：7~8 月

科属：龙胆科龙胆属

生境：高山冻原带、山坡草地、路旁

多年生草本，高 10~18 厘米，具匍匐茎。茎直立。叶略肉质，宽披针形或卵状矩圆形，先端钝，基部钝圆；下部叶较密集。单生于小枝顶端；花梗紫红色；花萼倒锥形，萼筒膜质，基部圆形，边缘无软骨质也无膜质；花冠蓝色或蓝紫色；雄蕊着生于冠筒中部，花丝丝状钻形，花药狭矩圆形；子房椭圆形，柄粗壮，花柱线形，柱头 2 裂，裂片宽矩圆形。蒴果内藏，柄粗壮；种子褐色，椭圆形、矩圆形。

lóngdǎn

龙胆

Gentiana scabra Bunge

科属：龙胆科龙胆属

生境：山坡草地、路边、河滩、灌丛中　　花期：8~9 月

多年生草本，高达 60 厘米。根茎平卧或直立。花枝单生。枝下部叶淡紫红色；中上部叶卵形或卵状披针形，上面密被细乳突。花簇生枝顶及叶腋。花无梗；每花具 2 苞片，苞片披针形或线状披针形；萼筒倒锥状筒形或宽筒形，裂片常外反或开展，线形或线状披针形；花冠蓝紫色，有时喉部具黄绿色斑点，筒状钟形，裂片卵形或卵圆形，先端尾尖，褶偏斜，窄三角形。蒴果内藏，宽长圆形。种子具粗网纹。

yànzǐhuā

燕子花

Iris laevigata Fisch.

花期：5~6 月

科属：鸢尾科鸢尾属

生境：沼泽地及池沼浅水中

多年生草本。根状茎粗壮，径约 1 厘米。叶灰绿色，剑形或宽线形，无明显中脉。花茎实心，高 40~60 厘米；苞片 3~5 枚，膜质，披针形，包 2~4 朵花。花大，蓝紫色；外花被裂片倒卵形或椭圆形，无附属物，中脉有白色条斑；内花被裂片倒披针形；雄蕊长约 3 厘米，花药白色；花柱分枝扁平，稍弯，顶端裂片半圆形，有波状牙齿，子房钝三角状圆柱形。蒴果椭圆状柱形。种子扁平，半圆形，褐色。

xīsūn

溪荪 东方鸢尾

Iris sanguinea Hornem.

科属：鸢尾科鸢尾属

生境：沼泽地、湿草地或向阳坡地

花期：6~7 月

多年生草本。基生叶条形，先端渐尖，具数条纵脉。花茎直立，具 1~2 枚茎生叶；花 2~3 朵，顶生；苞片 3 枚，披针形，顶端渐尖；花蓝色或蓝紫色；花被管较短，外花被裂片倒卵形或椭圆形，基部有黑褐色的网纹及黄色的斑纹，内花被裂片倒披针形；花药黄色，花丝白色、丝状；花柱分枝扁平，顶端裂片三角形，有细齿。

chǐbànyánhúsuǒ

蓝雀花 齿瓣延胡索

Corydalis turtschaninovii Besser

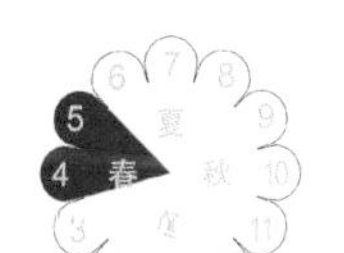

科属：罂粟科紫堇属

花期：4~5月

生境：林缘和林间空地

多年生草本，高达30厘米。块茎球形，有时瓣裂。茎直立或斜伸，不分枝，基部以上具1枚反卷大鳞片。茎生叶2枚，二回或近三回三出，小叶宽椭圆形、倒披针形或线形，全缘、具粗齿、深裂或篦齿状。总状花序具6~20朵花；苞片楔形，篦齿状多裂，稀分裂较少，与花梗近等长。花梗长0.5~1厘米。花冠蓝色、白色或紫蓝色。蒴果线形。

gāoshānwūtóu

高山乌头

Aconitum monanthum Nakai

科属：毛茛科乌头属

生境：高山苔原带、岳桦林下及林缘

花期：7~8月

易危种。多年生草本。块根胡萝卜形。茎无毛，不分枝或有少数分枝。基生叶 1~2 枚，无毛，有长柄；叶片肾状五角形，三全裂，中央全裂片菱形或宽菱形。花单独顶生或数朵形成聚伞花序；花梗无毛；小苞片三裂或线形；萼片紫色，外面无毛，上萼片盔形，稍凹，外缘近垂直；花瓣无毛，瓣片大，向后弯曲。蓇葖果；种子三棱形，密生横膜翅①②③。

相近种：**北乌头** ***Aconitum kusnezoffii*** Reichb. 顶生总状花序，萼片紫蓝色；上萼片盔形或高盔形，具喙，下萼片长圆形；距向后弯曲或拳卷④。

máojiàncǎo

毛尖 **毛建草**

Dracocephalum rupestre Hance

花期：7~8 月

科属：唇形科青兰属

生境：岩石缝隙、草坡或疏林下阳处

多年生草本。茎带紫色，多数。基生叶多数，叶三角状卵形，先端钝，基部心形，具圆齿；茎中部叶长 2.2~3.5 厘米，叶柄长 2~6 厘米。轮伞花序密集成头状，稀穗状；苞叶无柄或具鞘状短柄，苞片披针形或倒卵形，具 2~6 对长达 2 毫米的刺齿。花萼带紫色，上唇 2 深裂至基部，中齿倒卵状椭圆形，侧齿披针形，下唇 2 齿窄披针形；花冠紫蓝色。

cuìquè

翠雀 鸽子花

Delphinium grandiflorum L.

科属：毛茛科翠雀属

生境：山地草坡或丘陵沙地

花期：7~8 月

多年生草本。基生叶与茎下部叶具长柄，叶片圆五角形，3 深裂，中央裂片全裂。总状花序，花 3~15 朵，下部苞片叶状，上部苞片条形，小苞片生花梗中上部。萼片 5 枚，蓝紫色，椭圆形；距钻形，直或末端稍下弯；花瓣蓝色，顶端圆形；退化雄蕊蓝色，瓣片广椭圆形，先端微凹下；雄蕊多数；心皮 3 枚，直立。

báiwēi

白薇

Cynanchum atratum Bunge

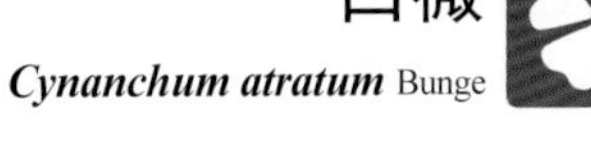

花期：6~7 月

科属：夹竹桃科鹅绒藤属

生境：山坡、旱地及山沟林下草地

多年生草本。茎密被毛。叶对生，卵形或卵状长圆形，先端骤尖或渐尖，基部圆形或近心形，侧脉 6~10 对；叶柄长约 5 毫米。聚伞花序伞状，具 8~10 朵花。花萼裂片披针形；花冠深紫色，裂片卵状三角形，具缘毛；副花冠 5 深裂，裂片与合蕊冠等长；花药顶端附属物圆形，花粉块长圆状卵球形；柱头扁平。蓇葖果纺锤形或披针状圆柱形，顶端渐尖。种子淡褐色，种毛长 3~4.5 厘米。

sháolán

杓兰

Cypripedium calceolus L.

科属：兰科杓兰属

生境：林下、林缘、灌丛中

花期：6~7月

近危种。多年生草本。植株具较粗壮的根状茎。茎直立，基部具数枚鞘。叶片椭圆形或卵状椭圆形，较少卵状披针形。花序顶生；花苞片叶状，椭圆状披针形或卵状披针形；花具栗色或紫红色萼片和花瓣，但唇瓣黄色；中萼片卵形或卵状披针形；合萼片与中萼片相似；花瓣线形或线状披针形，扭转，内表面基部与背面脉上被短柔毛；唇瓣深囊状，椭圆形，囊底具毛，囊外无毛；退化雄蕊近长圆状椭圆形，先端钝，下面有龙骨状突起。

chòusōng

黑瞎子白菜 臭菘

Symplocarpus renifolius Tzvelev

花期：5~6月

科属：天南星科臭菘属

生境：潮湿针叶林或混交林下

多年生草本。根茎粗壮，有时粗达 7 厘米。叶基生，叶柄长 10~20 厘米；叶片大，先端渐狭或钝圆。花序柄外围鳞叶长 10~40 厘米。花序柄长 3~20 厘米，粗 1~1.2 厘米。佛焰苞暗青紫色，外面饰以青紫色线纹。肉穗花序青紫色，径 2.5~3 厘米，有长 0.5~1 厘米的梗。

shǎohuāwànshòuzhú

少花万寿竹

Disporum uniflorum S. Moore

科属：秋水仙科万寿竹属

生境：高山冻原带、林下或灌木丛中

花期：5月

多年生草本。茎直立，上部具叉状分枝。叶薄纸质至纸质，矩圆形、卵形、椭圆形至披针形。花黄色、绿黄色或白色，1~5 朵着生于分枝顶端；花被片近直出，倒卵状披针形，下部渐窄，基部具短距；雄蕊内藏。浆果椭圆形或圆形。

jiānbèililú

尖被藜芦

Veratrum oxysepalum Turcz.

花期：7月

科属：藜芦科藜芦属

生境：山坡林下或湿草甸

多年生草本。植株高达1米，基部密生无网眼的纤维束。叶椭圆形或长圆形，先端渐尖或短急尖，有时稍缢缩而扭转，抱茎，下面无毛或疏生短柔毛。圆锥花序密生或疏生多数花，侧生总状花序近等长；顶生花序多少等长于侧生花序；花序轴密被短绵状毛。花被片背面绿色，内面白色，长圆形至倒卵状长圆形；花梗通常短于小苞片；雄蕊长约为花被片的1/2~3/4；子房疏被短柔毛或乳突状毛。

qīngtínglán

蜻蜓兰 蜻蜓舌唇兰

Platanthera souliei Kraenzl.

科属：兰科舌唇兰属

生境：山坡林下或沟边

花期：6~7月

近危种。多年生草本。植株高20~60厘米。根状茎指状，肉质，细长。茎粗壮，直立，茎部具1~2枚筒状鞘，鞘之上具叶，茎下部的2~3枚叶较大，大叶片倒卵形或椭圆形，直立伸展，先端钝，基部收狭成抱茎的鞘。总状花序狭长，具多数密生的花；花苞片狭披针形，直立伸展，常长于子房；子房圆柱状纺锤形，扭转，稍弧曲，连花梗长约1厘米；花小，黄绿色；中萼片直立，凹陷呈舟状，卵形；花瓣直立，斜椭圆状披针形；距细长，细圆筒状，下垂，稍弧曲。

èryèshéchúnlán

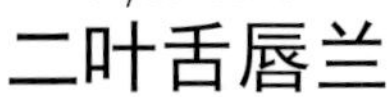

二叶舌唇兰

Platanthera chlorantha (Custer) Rchb.

花期：6~7 月

科属：兰科舌唇兰属

生境：山坡林下或草丛中

多年生草本。茎直立。基生叶 2 枚，叶片椭圆形、倒披针状椭圆形，先端钝或急尖，基部渐狭成鞘状柄。穗状花序顶生，具花十余朵；苞片披针形或卵状披针形；花白色、带绿色，背萼片宽卵状三角形，侧萼片椭圆形，较背萼片狭长；花瓣偏斜，基部较宽大，唇瓣浅形，肉质；距弧曲而呈镰刀状，先端钝。

dōngběinánxīng

东北南星

Arisaema amurense Maxim.

科属：天南星科天南星属

生境：林下和沟旁

花期：5~6月

多年生草本。块茎小，近球形。鳞叶2枚，线状披针形，锐尖，膜质。叶片鸟足状分裂，裂片5枚，倒卵形，倒卵状披针形或椭圆形全缘。花序柄短于叶柄。佛焰苞管部漏斗状，白绿色。肉穗花序单性，雄花序上部渐狭，花疏；雌花序短圆锥形；种子4粒，红色，卵形。肉穗花序轴常于果期增大，果落后紫红色。

xìchǐnánxīng

朝鲜南星 细齿南星

Arisaema peninsulae Nakai

花期：5~6月

科属：天南星科天南星属

生境：杂木林下

多年生草本。块茎扁球形，白色或褐色，具约，鳞叶3枚，淡紫色或紫色，有紫色斑块。叶2枚，叶柄鞘紫色，具暗紫色斑块，圆筒状，顶部几截平。叶片鸟足状分裂，全缘或具细齿。花序柄淡紫色至深紫色。佛焰苞圆柱形，紫色至深紫色，有白色条纹，边缘略外卷；檐部卵形，浓紫色，下弯，先端渐狭。肉穗花序单性，雄花序圆锥形，花药深紫色；附属器紫色，棒状，具纵条纹。

chángbáihóngjǐngtiān

长白红景天

Rhodiola angusta Nakai

科属：景天科红景天属

生境：高山苔原带

花期：7~8 月

多年生草本。主根常不分枝。花茎直立，稻秆色，密着叶。叶互生，线形，先端稍钝，全缘或上部有齿。伞房状花序，多花或少花，雌雄异株；萼片 4 枚，线形；花瓣 4 枚，黄色，长圆状披针形，先端钝；雄蕊 8 枚，较花瓣稍短或同长，对瓣雄蕊着生花瓣基部偏上；鳞片 4 枚，近四方形；心皮在雄花中不育，在雌花中心皮披针形，直立，先端渐尖，柱头头状。蓇葖 4 枚，紫红色，直立，先端稍外弯；种子披针形，两端有翅。

中文名索引

A

艾菊……92

B

白花延龄草……4
白山耧斗菜……170
白山罂粟……64
白檀……31
白头翁……187
白薇……225
白鲜……161
白玉草……27
百里香……212
宝珠草……43
北黄花菜……85
北火烧兰……110
北乌头……222
北鱼黄草……144
扁担胡子……114
扁胡子……77
布袋兰……210

C

草本威灵仙……213
草芍药……149
侧金盏花……91
茶菱……162
长白糙苏……153
长白蜂斗菜……55
长白蜂斗叶……55
长白狗舌草……99
长白红景天……234
长白虎耳草……11
长白棘豆……200
长白金莲花……74
长白拟水晶兰……34
长白婆婆纳……216
长白忍冬……114
长白山龙胆……217
长白山橐吾……97
长白山罂粟……64
长白鸢尾……84
长瓣金莲花……118
长药八宝……166
朝鲜白头翁……147
朝鲜当归……215
朝鲜狗舌草……98
朝鲜南星……233
朝鲜铁线莲……67
朝鲜淫羊藿……66
朝鲜鸢尾……46
潮风草……38
齿瓣延胡索……221
齿叶白鹃梅……19
齿叶铁线莲……68
赤瓟……78
稠李……16
臭李子……16
臭菘……227
垂花百合……146
慈姑……2
刺莲藕……191
刺玫果……13
刺枝杜鹃……35
翠菊……192
翠雀……224

D

打碗花……142
大苞萱草……86
大花卷丹……124
大花杓兰……158
大花溲疏……28
大花铁线莲……50
大花萱草……86
大黄花堇菜……113
大碗花……187
大叶银莲花……10
大字杜鹃……140
单头橐吾……97
灯笼花……60
灯笼头……203
灯台树……63
地椒叶……212
电灯花……173
东北百合……123
东北扁核木……77

东北李......15
东北南星......232
东北山梅花......8
东北杏......18
东北玉簪......184
东北鸢尾......181
东方草莓......14
东方堇菜......113
东方蓼......165
东方鸢尾......220
东亚仙女木......51
冬花......94
兜被兰......208
杜香......37
短瓣金莲花......118
短果杜鹃......35
多被银莲花......54
多花筋骨草......202
多枝梅花草......25

E

二叶兜被兰......208
二叶舌唇兰......231

F

返顾马先蒿......156
粉报春......174
扶田秧......141
扶子苗......142

G

高楷子......20
高山糙苏......153
高山龙胆......82
高山乌头......222
鸽子花......224
葛枣猕猴桃......33
狗筋麦瓶草......27
鼓子花......143
关木通......104
光慈姑......45
光萼青兰......204
广布小红门兰......207

H

海仙......145
旱生点地梅......29
荷包藤......129
荷花......148
荷青花......65
褐毛铁线莲......167
黑水银莲花......48
黑水罂粟......5
黑瞎子白菜......227
红丁香......131
红果臭山槐......24
红旱莲......79
红花粉叶报春......174
红花鹿蹄草......163
红蓼......165
红轮狗舌草......99
红瑞木......7
红升麻......214
虎尾草......30
花蔺......42
花锚......71
花木蓝......151
花旗杆......169
花楸树......24
花葱......173
还魂草......193
黄海棠......79
黄花忍冬......107
黄花乌头......108
黄连花......80
黄乌拉花......108

J

鸡蛋黄花......65
鸡脚参......130
鸡树条......62
吉林延龄草......4
假升麻......198
尖被藜芦......229
剪秋罗......134
箭报春......175
江西腊......192
交剪草......127
金佛花......102
金花忍冬......107
金老梅......76
金莲子......83
金露梅......76
金雀儿椒......161
金银莲花......41
金银木......56
金银忍冬......56
锦带花......145
桔梗......179

菊蒿 92
菊花脑 101
菊芋 103
巨紫堇 150
卷丹 126

K
空心柳 133
库莎红门兰 207
宽苞翠雀花 206
宽叶还阳参 93
宽叶仙女木 51
款冬 94

L
喇叭花 178
腊八菜 12
蓝雀花 221
郎头花 199
狼尾花 30
老鹳草 200
老鸦瓣 45
莲 148
凉子木 7
辽东山梅花 8
辽吉侧金盏花 91
辽杏 18
裂唇虎舌兰 111
林金腰 116
林金腰子 116
林荆子 22
林石草 75
林荫千里光 100
铃当花 179
铃兰 47
柳穿鱼 106
柳兰 160
柳叶菜 130
六角树 63
龙胆 218
漏芦 199
卵唇盔花兰 159
轮叶马先蒿 157
轮叶婆婆纳 213
落新妇 214
驴蹄草 88

M
马尿花 3
马蹄草 88
猫儿菊 128
毛百合 122
毛萼香芥 168
毛尖 223
毛建草 223
毛缘剪秋罗 119
玫瑰 132
美花风毛菊 197
密花舌唇兰 59
绵枣儿 183
膜叶驴蹄草 88
母猪牙 180
牡丹草 73
木通马兜铃 104

N
牛耳草 211
牛皮杜鹃 81

P
蓬子菜 70
萍蓬草 72
萍蓬莲 72
匍枝毛茛 90

Q
七瓣莲 49
七筋姑 44
槭叶草 12
千屈菜 189
荨麻叶龙头草 205
浅裂剪秋罗 119
芡实 191
蜻蜓兰 230
蜻蜓舌唇兰 230
秋子梨 23
球果假沙晶兰 34
球花风毛菊 197
球尾花 115
瞿麦 172

R
日本鹿蹄草 163
软枣猕猴桃 33
锐齿白鹃梅 19

S
三裂瓜木 6

伞花蔷薇 13
沙果梨 23
山菠菜 203
山丹 125
山丹花 124
山飞蓬 194
山梗菜 201
山荆子 22
山兰 112
山罗花 154
山樱花 17
山鸢尾 182
山芝麻 69
芍药 149
杓兰 226
少花万寿竹 228
深山毛茛 89
省沽油 26
湿生狗舌草 99
十字兰 58
石头菜 166
石竹 171
手参 209
绶草 164
水鳖 3
水浮莲 61
水条 26
水芋 61
睡菜 40
睡莲 52
丝瓣剪秋罗 135
松毛翠 136
碎米子树 31
穗花马先蒿 157

T

糖芥 117
藤荷包牡丹 129
蹄叶橐吾 95
天目琼花 62
天女花 53
天女木兰 53
田旋花 141
条裂虎耳草 11
条叶百合 120
铁菱角 162
土庄花 21
土庄绣线菊 21
菟葵 9

W

弯距狸藻 109
伪泥胡菜 198
乌德银莲花 10
乌苏里李 15

X

西伯利亚花锚 71
西伯利亚鱼黄草 144
溪荪 220
细齿南星 233
细叶百合 125
狭苞橐吾 96
狭裂珠果黄堇 105
狭叶杜香 37
鲜黄连 186
香多罗 131
小红菊 195
小黄花菜 87
小蒲公英 128
小山菊 196
兴安白头翁 188
兴安杜鹃 137
荇菜 83
绣线菊 133
旋覆花 102
旋花 143
旋蒴苣苔 211

Y

岩生报春 176
燕尾仙翁 135
燕子花 219
洋姜 103
野慈姑 2
野菊 101
野生福岛樱 17
野苏子 155
野罂粟 64
射干 127
叶状苞杜鹃 139
银线草 60
淫羊藿 66
印度蔷菜 41
樱草 177
迎红杜鹃 138
有斑百合 121
雨久花 185
玉蝉花 181

玉铃花........................32
圆叶牵牛................178
月见草........................69

Z

泽泻..............................1
闸草........................109
獐耳细辛................190
照白杜鹃....................36
照山白........................36
珍珠梅........................20
芝麻花....................205
朱兰........................152
珠果黄堇................105
猪牙花....................180
转子莲........................50
紫斑风铃草................39
紫点杓兰....................57
紫菀........................193

拉丁名索引

A

Aconitum coreanum 108
Aconitum kusnezoffii 222
Aconitum monanthum 222
Actinidia arguta 33
Actinidia polygama 33
Adlumia asiatica 129
Adonis amurensis 91
Adonis ramosa 91
Ajuga multiflora 202
Alangium platanifolium
var. *trilobum* 6
Alisma plantago-aquatica 1
Androsace lehmanniana 29
Anemone amurensis 48
Anemone raddeana 54
Anemone udensis 10
Angelica gigas 215
Aquilegia japonica 170
Arisaema amurense 232
Arisaema peninsulae 233
Aristolochia manshuriensis 104
Armeniaca mandshurica 18
Aster tataricus 193
Astilbe chinensis 214

B

Barnardia japonica 183
Belamcanda chinensis 127
Boea hygrometrica 211
Butomus umbellatus 42

C

Calla palustris 61
Callistephus chinensis 192
Caltha palustris 88
Caltha palustris
var. *membranacea* 88
Calypso bulbosa var. *speciosa* .. 210
Calystegia hederacea 142
Calystegia silvatica
subsp. *orientalis* 143
Campanula punctata 39
Cerasus serrulata 17
Chamerion angustifolium 160
Chloranthus japonicus 60
Chrysanthemum chanetii 195
Chrysanthemum indicum 101
Chrysanthemum oreastrum 196
Chrysosplenium lectus-cochleae .. 116
Clausia trichosepala 168
Clematis fusca 167
Clematis koreana 67
Clematis patens 50
Clematis serratifolia 68
Clintonia udensis 44
Convallaria majalis 47
Convolvulus arvensis 141

Cornus alba....7
Cornus controversa....63
Corydalis gigantea....150
Corydalis speciosa....105
Corydalis turtschaninovii....221
Crepis coreana....93
Cynanchum acuminatifolium....38
Cynanchum atratum....225
Cypripedium calceolus....226
Cypripedium guttatum....57
Cypripedium macranthos....158

D

Dasiphora fruticosa....76
Delphinium grandiflorum....224
Delphinium maackianum....206
Deutzia grandiflora....28
Dianthus chinensis....171
Dianthus superbus....172
Dictamnus dasycarpus....161
Disporum uniflorum....228
Disporum viridescens....43
Dontostemon dentatus....169
Dracocephalum argunense....204
Dracocephalum rupestre....223
Dryas octopetala var. *asiatica*....51

E

Epilobium hirsutum....130
Epimedium koreanum....66
Epipactis xanthophaea....110
Epipogium aphyllum....111
Eranthis stellata....9
Erigeron alpicola....194
Erysimum amurense....117
Erythronium japonicum....180
Euryale ferox....191
Exochorda serratifolia....19

F

Fragaria orientalis....14

G

Galearis cyclochila....159
Galium verum....70
Gentiana algida....82
Gentiana jamesii....217
Gentiana scabra....218
Gymnadenia conopsea....209
Gymnospermium microrrhynchum.73

H

Habenaria schindleri....58
Halenia corniculata....71
Helianthus tuberosus....103
Hemerocallis lilioasphodelus....85
Hemerocallis middendorffii....86
Hemerocallis minor....87
Hepatica nobilis var. *asiatica*....190
Hosta ensata....184
Hydrocharis dubia....3
Hylomecon japonica....65
Hylotelephium spectabile....166
Hypericum ascyron....79
Hypochaeris ciliata....128

I

Indigofera kirilowii 151
Inula japonica 102
Ipomoea purpurea 178
Iris ensata 181
Iris laevigata 219
Iris mandshurica 84
Iris odaesanensis 46
Iris sanguinea 220
Iris setosa 182

L

Ledum palustre 37
Ligularia fischeri 95
Ligularia intermedia 96
Ligularia jamesii 97
Lilium callosum 120
Lilium cernuum 146
Lilium concolor var. *pulchellum*. 121
Lilium dauricum 122
Lilium distichum 123
Lilium leichtlinii
var. *maximowiczii* 124
Lilium pumilum 125
Lilium tigrinum 126
Linaria vulgaris
subsp. *chinensis* 106
Lobelia sessilifolia 201
Lonicera chrysantha 107
Lonicera maackii 56
Lonicera ruprechtiana 114
Lychnis cognata 119
Lychnis fulgens 134
Lychnis Wilfordii 135
Lysimachia barystachys 30
Lysimachia davurica 80
Lysimachia thyrsiflora 115
Lythrum salicaria 189

M

Malus baccata 22
Meehania urticifolia 205
Melampyrum roseum 154
Menyanthes trifoliata 40
Merremia sibirica 144
Monochoria korsakowii 185
Monotropastrum humile 34
Mukdenia rossii 12

N

Nelumbo nucifera 148
Neottianthe cucullata 208
Nuphar pumila 72
Nymphaea tetragona 52
Nymphoides indica 41
Nymphoides peltata 83

O

Oenothera biennis 69
Oreorchis patens 112
Oxytropis anertii 200
Oyama sieboldii 53

P

Padus avium 16
Paeonia lactiflora 149

Paeonia obovata 149
Papaver nudicaule 64
Papaver nudicaule f. *amurense* 5
Papaver radicatum
var. *pseudoradicatum* 64
Parnassia palustris
var. *multiseta* 25
Pedicularis grandiflora 155
Pedicularis resupinata 156
Pedicularis spicata 157
Pedicularis verticillata 157
Petasites rubellus 55
Philadelphus schrenkii 8
Phlomis koraiensis 153
Phyllodoce caerulea 136
Plagiorhegma dubium 186
Platanthera chlorantha 231
Platanthera hologlottis 59
Platanthera souliei 230
Platycodon grandiflorus 179
Pogonia japonica 152
Polemonium caeruleum 173
Polygonum orientale 165
Ponerorchis chusua 207
Primula farinosa 174
Primula fistulosa 175
Primula saxatilis 176
Primula sieboldii 177
Prinsepia sinensis 77
Prunella asiatica 203
Prunus ussuriensis 15
Pulsatilla cernua 147
Pulsatilla chinensis 187
Pulsatilla dahurica 188
Pyrola asarifolia
subsp. *incarnata* 163
Pyrola japonica 163
Pyrus ussuriensis 23

R

Ranunculus franchetii 89
Ranunculus repens 90
Rhaponticum uniflorum 199
Rhodiola angusta 234
Rhododendron aureum 81
Rhododendron beanianum 35
Rhododendron dauricum 137
Rhododendron micranthum 36
Rhododendron mucronulatum ... 138
Rhododendron redowskianum ... 139
Rhododendron schlippenbachii. 140
Rosa maximowicziana 13
Rosa rugosa 132

S

Sagittaria trifolia 2
Saussurea pulchella 197
Saxifraga laciniata 11
Senecio nemorensis 100
Serratula coronata 198
Silene vulgaris 27
Sorbaria sorbifolia 20
Sorbus pohuashanensis 24
Spiraea pubescens 21
Spiraea salicifolia 133
Spiranthes sinensis 164

Staphylea bumalda......................26
Styrax obassia..............................32
Symplocarpus renifolius............227
Symplocos paniculata.................31
Syringa villosa..........................131

T

Tanacetum vulgare......................92
Tephroseris flammea...................99
Tephroseris koreana....................98
Tephroseris palustris...................99
Tephroseris phaeantha................99
Thladiantha dubia.......................78
Thymus mongolicus...................212
Trapella sinensis.......................162
Trientalis europaea.....................49
Trillium camschatcense.................4
Trollius japonicus........................74
Trollius ledebourii.....................118
Trollius macropetalus................118
Tulipa edulis................................45
Tussilago farfara.........................94

U

Utricularia vulgaris
subsp. *macrorhiza*................109

V

Veratrum oxysepalum................229
Veronica stelleri
var. *longistyla*........................216
Veronicastrum sibiricum...........213
Viburnum opulus
subsp. *calvescens*...................62
Viola muehldorfii.......................113
Viola orientalis..........................113

W

Waldsteinia ternata.....................75
Weigela florida..........................145